入"家"境

舒适小家

混搭风格小户型
搭配秘籍

庄新燕 等编著

机械工业出版社
CHINA MACHINE PRESS

本书汇集了数百幅小户型家庭装修案例图片，全方位展现混搭风格居室自由、时尚、个性、实用的特点。全书共有六章，包括了客厅、餐厅、卧室、书房、厨房、卫生间六大主要生活空间，分别从居室的布局规划、色彩搭配、材料应用、家具配饰、收纳规划五个方面来阐述小户型的搭配秘诀。本书以图文搭配的方式，不仅对案例进行多角度的展示与解析，还对图中的亮点设计进行标注，使本书更具有参考性和实用性。本书适合室内设计师、普通装修业主以及广大家居搭配爱好者参考阅读。

图书在版编目（CIP）数据

舒适小家. 混搭风格小户型搭配秘籍 / 庄新燕等编著. — 北京：机械工业出版社，2020.12
（渐入"家"境）
ISBN 978-7-111-66885-5

Ⅰ.①舒… Ⅱ.①庄… Ⅲ.①住宅－室内装饰设计 Ⅳ.①TU241

中国版本图书馆CIP数据核字(2020)第219748号

机械工业出版社（北京市百万庄大街22号　邮政编码100037）
策划编辑：宋晓磊　　　　责任编辑：宋晓磊　李宣敏
责任校对：刘时光　　　　封面设计：鞠　杨
责任印制：孙　炜
北京利丰雅高长城印刷有限公司印刷

2021年1月第1版第1次印刷
148mm×210mm·6印张·178千字
标准书号：ISBN 978-7-111-66885-5
定价：39.00元

电话服务　　　　　　　　网络服务
客服电话:010-88361066　机 工 官 网：www.cmpbook.com
　　　　010-88379833　机 工 官 博：weibo.com/cmp1952
　　　　010-68326294　金 书 网：www.golden-book.com
封面无防伪标均为盗版　机工教育服务网：www.cmpedu.com

Foreword 前言

　　小户型的使用面积有限，让小居室更加舒适、美观，是多数设计师与业主梦寐以求的居住愿景。有人认为受户型与空间面积影响，小居室只适合做一些简单装饰。其实，若能在家装选材、色彩搭配、布局规划、软装配备等方面做到别出心裁，无论是奢华风还是简约派，都是可以尝试的。

　　本套丛书包括现代风格、北欧风格、日式风格、美式风格、混搭风格共五种当下流行的热门家居装饰风格，汇集了大量真实案例，以布局规划、色彩搭配、材料应用、家具配饰、收纳规划五个方面为出发点，全面剖析小户型空间的设计搭配技巧。力求使小户型居室摆脱不好用、拥挤、昏暗的尴尬局面。满足人们对舒适居住环境的向往，也兼顾了家居美学的个性化追求。

　　本书以展示混搭风格自由、时尚、个性、实用的特点为主要目的，共分为六章，其中包括客厅、餐厅、卧室、书房、厨房、卫生间六大生活空间，汇集了93个设计灵感，重点讲解家居空间设计、细部设计与装饰亮点。通过图文搭配的方式，使本书阅读起来更直观、更实用。本书是一本打造混搭风格完美家居氛围的秘籍，能为不同需求的读者提供参考。

Contents 目录

第3章
卧室/075-110

第4章
书房/111-140

第5章
厨房/141-164

第6章
卫生间/165-186

客 厅

混搭 < 风格
客厅的布局规划

优化空间，让小客厅更有开阔感

飘窗优化使用功能，化身视觉焦点

充分利用户型优势，打造舒适空间

亮点 *Bright points* ·······

装饰画
几何图案的布艺抱枕，颜色清爽，突显
了主人精致的生活品位。

亮点 *Bright points* ·······

装饰画
极富古典韵味的装饰画，为现代居室融
入古典美，古今混搭别有一番韵味。

亮点 *Bright points* ·······

白蜡烛
高矮错落的白色蜡烛，让空间充满浪漫
氛围与仪式感。

完美的细节 points

实木单人椅
在客厅的一角放置一张
舒适的椅子，是增添室
内休闲感的利器。

面积相对较小的客厅在布局规划时可采用开放式布局，将阳台、客厅、餐厅保持在同一轴线上，弱化实墙的存在感。如将电视墙打造成矮墙，矮墙的优点在于既能划分空间，又具有收纳功能；还可以将传统实墙打造成半悬空的隔墙，这样的设计能使人在视觉上产生轻盈感，轻松营造出小空间通透、开阔的感觉。

小家精心布置之处

1.在飘窗的窗台上放置了厚厚的坐垫，可代替沙发用来待客，满足更多人的使用需求。

2.书房与客厅之间的间隔采用的是钢化玻璃，通透感十足，不会有任何压抑感。

3.电视墙的悬空式设计十分巧妙，越简单的设计越有层次感，整体看起来十分轻盈、大气。

飘窗优化使用功能，化身视觉焦点

地毯
地毯上简化的几何图案，蓝白相间为整个空间增添了一份设计感。

小家精心布置之处

1.沙发后搭配的是矮墙，让空间的视觉效果十分开阔，矮墙还可以作收纳空间或装饰使用。

2.客厅中的飘窗被打造成沙发，辅助客厅功能，飘窗下还设计了可用于收纳的格子，功能性得到进一步提升。

3.宽大的飘窗让客厅拥有良好的采光，整体给人的感觉也更敞亮；利用花艺、布艺的点缀装饰，空间尽显雅致舒适。

4.矮墙用作餐厅与客厅之间的间隔，既是墙也是吧台，赋予了空间的休闲功能。

落地窗是室内采光与美感的基本保证，充分利用良好的采光条件，用灵活而通透的折叠门或推拉玻璃门来间隔空间，这样的规划设计让与客厅为邻的玄关也能拥有良好的光线，从而获得一个更加舒适的居住空间。

小家精心布置之处

1.客厅的配色十分活跃，鲜艳明快的色调彰显了主人的热情好客以及对生活的积极向往之心。

2.落地窗宽敞明亮，窗户采用了白色框架与玻璃搭配，简单、干净，将充足的阳光引入室内，明亮而舒适。

充分利用户型优势，打造舒适空间

插花
清爽秀丽，为客厅带入浓浓的自然气息。

3.白色折叠门搭配深色墙面，营造出通透而明快的视觉效果，灵活的折叠门可以根据使用需求灵活开关，让室内通风更加通透。

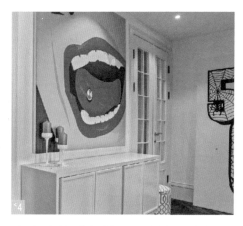

4.折叠门后的玄关，整体保持与折叠门一致的白色，看起来更显整洁、敞亮；墙面的装饰画是点睛之笔，也丰富了空间色彩，活泼又有个性。

2 混搭 < 风格
客厅的色彩搭配

利用色彩属性增加小户型的宽敞感

多种色彩混搭，演绎别样风情

将喜爱的颜色，延伸成重点色

好采光让配色更大胆，居室氛围更有个性

亮点 Bright points ············

棕红色木质茶几
茶几采用了做旧的木材，呈现出质朴、
复古的美感。

亮点 Bright points ············

红砖
暗红色的砖块，粗糙的质感，同时搭配
色彩浓郁的装饰画、华丽的抱枕、精致
的黑色皮质沙发，让整个空间颜色层次
十分丰富。

亮点 Bright points ············

白色绢花
白色绢花，洁白无瑕，是色彩浓郁的空
间里一抹特别的亮点。

小家精心布置之处

1.简单的电视墙，搭配带有复古韵味的电视柜，混搭的手法赋予室内别样的美感。

2.沙发是客厅装饰的另一焦点，玫瑰金色的铆钉为沙发带来复古的美感。

3.沙发的一角放置了一个小边几，精致的烤漆玻璃搭配简单的金属支架，体积虽小却十分惹眼。

利用色彩属性增加小户型的宽敞感

小客厅中沙发的颜色宜采用冷色相、低明度、低饱和度的色彩，因为此类色彩能给人的视觉带来收缩感，可以增添空间的宽敞感；背景色可以选择冷色相、高明度、低饱和度的颜色，能在视觉上增加房间的进深，使空间看起来更加宽敞开阔。

<1

亮点 Bright points ....

装饰画

黑白色调的人物画，几处红色的运用，让装饰画成为居室内最惹眼的装饰。

<2

<3

多种色彩混搭，演绎别样风情

亮点 Bright points

红色落地灯

鲜艳的红色落地灯，搭配暖黄色灯光，显得很抢眼，但绝不突兀。

小家精心布置之处

1.空间色彩浓郁而大胆，将混搭风格不拘一格的配色特点表现得淋漓尽致；墙面装饰画富有浓郁的西北乡村的感觉，与充满现代感的皮革沙发搭配，衬托彼此的粗犷与细腻，彰显混搭个性。

2.客厅的入口处放置了一张休闲椅，其纯净的白色与茶几色调保持统一，成为这个色彩浓郁的空间内最惹眼的装饰亮点。

3.客厅中的背景色很浓郁，抱枕、插花、小家具等都选择了纯净的白色，以调和浓郁色彩带来的烦躁感。

亮点 Bright points

抱枕

抱枕的华丽色调，点染出一个热情、奔放的空间氛围。

木质隔断

作为客厅与餐厅之间的间隔，无论
是颜色还是造型，都是居室内不容
忽视的一个装饰亮点。

4.木质窗棂是中式风格传统装饰元素，
用来作为客厅与餐厅之间的间隔，实现
两个空间的独立性与美观性。

5.电视墙这一侧墙面的颜色十分清爽、
淡雅，与沙发墙的浓重色调形成鲜明对
比，尤其是窗棂隔断的绿色，显得不可
或缺。

亮点 Bright points

铁艺吊灯

黑色金属支架搭配白
色灯罩，造型略带一
份复古感。

06

将喜爱的颜色，延伸成重点色

木质茶几

低矮的造型，结实耐用，且不会遮挡视线。

<1

小户型居室装修成混搭风，色彩的搭配虽然可以出其不意，但搭配色调的前提条件依然是和谐、舒适。在抱枕、地毯、瓷器饰品等软装元素的颜色选择上可以出挑一些，以加大点缀色与背景色、主题色的色差，利用强烈的色彩反差来体现空间的混搭感与个性美，也不会影响整体配色的舒适度。

小家精心布置之处

1. 客厅整体以灰色调为主色，其被运用在不同材质的物品上，整个空间看起来很有层次感，也很和谐。

亮点 bright point

大理石

浅咖啡色网纹大理石极大强调了居室的现代时尚感。

2.黑镜装饰线的运用，让原本简约的沙发墙面看起来很有层次感；茶几可以用来放置绿植，也可以放置果盘等客厅中经常会用到的物品，兼备了美感与功能性。

3.电视墙的浅咖啡色搭配木饰面板的棕色，色彩搭配非常协调，展现出现代风格居室的高级视感。

亮点 bright point

小物品的点缀

果盘、花艺、杂志是很好的室内装饰元素。

07

好采光让配色更大胆，居室氛围更有个性

茶几
金属与木作结合的茶几，造型简单的抽屉可用来收纳杂物。

采光良好的室内，如果不想把居家氛围营造得过于冷清，配色就可以更大胆一些，用红色、橙色、绿色等作跳色，再融入一些异域风情浓郁的挂件及饰品即可突显出空间的个性。

小家精心布置之处

1.大面积的红色作为客厅的背景色，营造出一个热情洋溢的空间氛围，配以室内良好的采光，客厅给人的整体感觉充满活力。

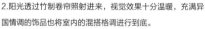

霓虹灯
突发奇想地将霓虹灯作为墙画，营造一种咖啡馆或甜品店的既视感。

2.阳光透过竹制卷帘照射进来，视觉效果十分温暖，充满异国情调的饰品也将室内的混搭格调进行到底。

3.白色护墙板、米白色木制沙发、原木色的边柜及茶几，这些家具及配饰的颜色选择都很自然、纯净，为这个热闹的空间氛围创造出一隅宁静。

3 混搭 < 风格
客厅的材料应用

百搭的素色乳胶漆

壁纸与石膏板的组合，唯美而清新

多元化的选材体现个性美感

裸砖与乳胶漆碰撞，鲜明的质感对比，彰显混搭个性美

亮点 Bright points

大理石茶几
金属支架搭配素雅洁净的大理石，茶几
的造型简洁大方，结实耐用。

亮点 Bright points

印花壁纸
植物图案的壁纸，颜色清爽，图案精
美，让空间变得精致而富有自然感。

亮点 Bright points

箱式茶几
原木色的箱式茶几，质朴的色彩迎合了
室内的自然气息，还可以用于收纳。

亮点 Bright points

现代插花
插花的树枝取材自然，
再搭配黄色永生花，色
彩与形态都十分惹眼。

<1

小户型的主题墙，装饰材料的选用要谨慎，种类不宜过多，色彩也不宜过多。推荐选用素雅洁净的白色或浅色乳胶漆作为主要装饰材料，若想体现设计层次可适当加入一种或两种其他材质作为辅助装饰，这样简洁大气又不失层次感，同时也避免了小空间内出现多种装饰材料而产生的零碎感与混乱感。

亮点 Bright points

插花与配饰
小鸟与梅花呈现出一派鸟语花香的动人景致，展现出现代生活对古典文化的热爱与向往。

小家精心布置之处

1.布艺沙发的样式简约大方，与略带中式韵味的木质家具、瓷器、花艺、茶具等元素营造出古今混搭的唯美画面。

2.万字纹地毯的运用弱化了地面石材的冷硬感，在颜色选择上也与室内其他元素形成呼应，展现了配色的用心。

<2

小家精心布置之处

1.电视墙运用了卷草纹样的壁纸作为装饰，搭配上顶面纯净的白色石膏板，营造出的背景环境十分唯美精致。

2.窗前放置了单人椅，再搭配上一张样式简约别致的边几，让本来就舒适的环境更加自在起来。

3.柔软舒适的深灰色皮质沙发与白色调的墙面搭配在一起，呈现的视觉效果简洁而明快；抱枕、地毯、窗帘等布艺元素则让充满现代感的客厅看起来多了几分柔和的美感，增添了些许自然气息。

亮点 *Bright points*
羊皮纸吊灯
混搭的元素不必太过耀眼，一盏精致复古的吊灯即可彰显混搭魅力。

亮点 *Bright points*
墙饰
金属蝴蝶、陶瓷盘赋予了墙面更多的活力。

……相连，两者之间不设……墙面、顶面的设计风……体给人的感觉更显简……明亮。

多元化的选材体现个性美感

混搭风格的家居中，材料的选择十分的多元化，将一些透明的、不透明的、温暖的、冷硬的不同属性的装饰材料结合在一起，如木饰面板与镜面、壁纸与乳胶漆、石材与金属等搭配效果俱佳的组合，就能营造出与众不同的混搭美感。

亮点 *Bright points*

抱枕

精致的布艺抱枕，丰富了沙发上的色彩层次，坐卧更舒适。

<2

<1

小家精心布置之处

1.树状造型的石膏板是电视墙装饰的亮点，再搭配上半墙的木饰面板，纯净简约中流出一份淳朴的质感。

2.米白色的布艺沙发样式十分简洁大方，雅致的抱枕是客厅中的装饰亮点，古典纹样在这个线条利落的空间十分和谐美观。

3.将一把经典的美式老虎椅搭配在这个充满现代元素的客厅中，其优雅洁净的色调并不会显得突兀，反而使整个居室的氛围更加惬意舒适。

4.镜面的树状造型与电视墙形成呼应，都搭配了相同的木饰面板，让整个空间看起来简洁、舒适许多。

裸砖与乳胶漆碰撞，鲜明的质感对比，彰显混搭个性美

在混搭风格的客厅中，往往会在以一种风格为主的居室中再加入其他风格的装饰元素，这样的搭配手法不仅简单，且效果也十分出众。如在现代风格的客厅中，设计一面古朴、雅致的裸砖墙面，墙砖色彩浓郁而复古，质感粗糙而淳朴，与现代居室的简洁、通透形成鲜明对比，轻松打造出独具韵味的混搭风格居室。

小家精心布置之处

1.电视墙上质感细腻的乳胶漆与沙发墙粗犷的红砖形成对比，一个简单细腻，一个粗犷有层次。

2.粗糙的裸砖装饰着整个沙发墙，与柔软的布艺沙发在质感和色彩上形成鲜明的对比，使空间散发着浓烈的乡村田园气息。

亮点 Bright points

明黄色抱枕
沙发上抱枕的颜色选择很有跳跃感，与蓝色椅子形成鲜明的对比，活跃整个空间。

亮点 Bright points

蓝色纱帘
淡淡的蓝色，映衬出
的氛围更显浪漫。

亮点 Bright points

现代插花
花艺搭配得唯美又有层次感，在玻璃花瓶的衬托
下，更显精致、婉约，为整个色彩比较浓郁的空间
带入清新的视感。

4 混搭 ‹ 风格
客厅的家具配饰

掌握混搭元素的比例，让主题更突出

异域元素的融入，呈现别样美感

金属与木作，让现代居室有了复古的工业情怀

异域风格小家具的补充，成就室内点睛之笔

亮点 Bright points ·············

白瓷南瓜壶

线条饱满且流畅的英式茶具，为现代空
间点缀出一份异国情调。

亮点 Bright points ·············

墙饰

玫瑰金色的墙饰，造型并不复杂，却呈
现出丰富的层次感。

亮点 Bright points ·············

老虎椅

蓝红装饰的老虎椅，明快的色彩，不仅
活跃了居室的色彩氛围，其流畅的线条
也颇具古典韵味。

亮点 Bright points

工艺品画
玫瑰金色的装饰画突显了室内装饰的精致。

小家精心布置之处

1.茶几、边几都选择金属支架搭配大理石的样式，简洁利落，结实耐用，在现代风格居室中加入一些古典样式的选材，呈现的美感别有一番韵味。

2.陶瓷坐墩的纹样颇具古典中式的韵味，花鸟图也为整个简洁、利落的空间注入了自然的气息。

打造混搭风格居室的方式多种多样，小户型居室中，最常见的做法是运用现代元素与中式元素相结合的搭配方式。一般来说，为体现小客厅简洁、利落、宽敞的视觉效果，现代元素所占比例要高于中式元素，这样混搭的效果才不会显得混乱，主题才更明确。

异域元素的融入，呈现别样美感

将地中海、东南亚等极富有地域文化的元素融入现代风格的居室中，所呈现的混搭感更具有异国情调。如在现代风格的客厅中，搭配一些佛像、莲花、木雕或者藤质家具等，无论是颜色还是质感、造型，都可以令居室呈现出浓郁的异域风情。

小家精心布置之处

1.传统中式茶具出现在美式风满满的客厅中，中西文化的精髓碰撞在一起，展现了混搭的风格魅力。

2.短沙发的样式带有几分中式古典家具的风格，简化的造型不显烦琐，适合用在小客厅中。

亮点 bright points

绿植

绿植被摆放在靠窗的位置上，促进生长，美化环境还不影响行走动线。

装饰画
把收藏的勋章装装在
画框里，是一种很特
别的装饰元素。

3.沙发墙的选材是客厅装饰的一个亮点，石材与
木材的组合，冷暖相互衬托，呈现给人的视觉感
甚是和谐、舒适。

4.样式简洁、大方的木质托盘式茶几，选材十
分考究，结实耐用的实木框架搭配了自然气息
浓郁的藤编饰面，在精致的客厅中加入了手作
的魅力。

亮点 Bright points
古典纹样窗帘
佩斯利图案作为窗帘头的装饰图案，将室内
的中西混搭风格进行到底。

亮点 Bright points

吊灯
将工业风满满的吊灯运用在现代居室中，别有一番美感。

金属与木作，让现代居室有了复古的工业情怀

小家精心布置之处

1.铁件与木作结合的电视柜、铁艺支架搭配钨丝灯泡组合的吊灯，这两种家具的搭配，将现代客厅一下拉入了工业时期的既视感。

2.电视墙没有作任何装饰，简简单单的一个电视柜，尊崇了小户型居室注重功能的装饰原则。

3.蓝色的沙发墙搭配米白色的布艺沙发，颜色的对比非常柔和；装饰画、抱枕、茶几、花艺等物品的颜色过渡也很和谐，让空间尽显活力与勃勃生机。

装饰画
手绘的世界著名建筑用来装饰墙面，是个彰显个人魅力的好方式。

<3

薰衣草
薰衣草是能给人带来好运的一种花草，若不喜欢真花的味道，可以选择花绢代替。

<4

4.椅子的颜色非常丰富，既有辅助待客的功能又让空间的色彩氛围更加活跃。

异域风格小家具的补充，成就室内点睛之笔

　　在客厅面积允许的情况下，除了摆放沙发、茶几、电视柜以外，还可以利用边几、座椅、矮凳等小型家具在细节处进行补充装饰，这样的做法不仅美观且实用性也颇高。如在美式风格的客厅中，摆放一把中式传统圈椅，中式家具因其民族特色的造型瞬间就能成为整个客厅装饰的点睛之笔。

小家精心布置之处

1.客厅给人的整体感觉是美式中带有中式元素，中美混搭得十分和谐，不分彼此的相互衬托，正是混搭风所追求的。

亮点 bright points

风扇吊灯
风扇吊灯是经典地中海风格灯饰，用在中式风的居室中，别有韵味。

2.在大气的美式风格背景下，中式实木圈椅的出现，成
为了独特而别致的视觉焦点。

3.沙发墙选用了经典的美式碎花壁纸搭配白色护墙板，
视感纯净舒适，还不乏层次感。

4.电视墙的设计充分利用了结构特点，直接打造成可以
用于收纳的柜子，装饰性与功能性并存。

5 混搭 <风格
客厅的收纳规划

小型家具的补充，满足日常收纳需求

保证空间整体感的定制式收纳系统

巧将收纳化为客厅的装饰焦点

开放式柜体，可收纳可装饰

亮点 Bright points ……………

做旧的皮质沙发
做旧的皮质沙发是最能添室内古朴、
粗犷视感的一种家具。

亮点 Bright points ……………

浅绿色乳胶漆
用浅绿色乳胶漆装饰墙面，再搭配上植
物主题的装饰画，整体氛围非常有自然
的清新感。

亮点 Bright points ……………

箱式茶几
茶几的颜色沉稳，造型古朴，箱式设计
可以用来收纳一些遥控器、杂志等客厅
中不可或缺的物品。

亮点 Bright points
环形铁艺吊灯
环形吊灯，其别致的造型搭配上古朴的质感，突显主人对美式灯具的偏爱。

16°

小型家具的补充，满足日常收纳需求

<1

小家精心布置之处

1.在满足了基本待客需求之后，小客厅中运用了坐墩、边柜进行补充，高低有序的错落搭配，在满足功能性与装饰性的同时也创造出不少收纳空间。

2.在客厅的一侧墙面打造出可用于日常收纳闲置物品的柜子，双拱门造型搭配白色饰面，美观度高还不会产生压抑感。

小面积的客厅中，通过一些小件家具进行功能补充，其中最重要的就是对收纳功能的补充。这些小件家具以边几、边柜最具有代表性，它们灵活且可以随意移动，不仅能扩充小客厅的储物空间，还不会影响动线畅通。

亮点 Bright points
陶瓷鼓凳
凤凰是中式古典文化中象征吉祥的鸟类，用在陶瓷鼓凳上，更是表达出对美好生活的向往之情。

<2

保证空间整体感的定制式收纳系统

亮点 Bright points

收纳搁板

将自己喜爱的藏品或工艺品摆放在开放的搁板上，也是展现自我的方式。

小家精心布置之处

1.客厅中的收纳除了茶几之外，电视柜也是一个极佳的收纳场所，电视墙被设计打造成左右两侧对称的收纳柜，可用来展示或收纳一些物品，电视柜下方则做成抽屉，将一些影音用品收纳其中，拿取都很方便。

亮点 Bright points

收纳盒

无纺布收纳盒是收纳好帮手。

2.玄关入门处被设计成收纳柜，丰富且有层次的收纳体系，在一进门时就能感受到居家氛围的干净与整洁。

亮点 *Bright points*

装饰画

以清清爽爽的植物作为装饰画主题，与浅色的沙发搭配，整体看起来精致、自然。

亮点 *Bright points*

收纳篮

手工编织的收纳篮，本身就是一件绝佳的装饰物品。

3

3.白色的石膏线条赋予墙面难得的层次感，和谐统一，且能降低装修成本；样式简洁大方的布艺沙发与墙面保持同色调，保证空间的美观。

亮点 *Bright points*

水族箱

观赏价值极高的水族箱，放在玄关处是最佳位置。

4.玄关与客厅相连，延续了其纯净、简洁的色彩，让空间看起来更加敞亮，富有整体感。

4

18

巧将收纳化为客厅的装饰焦点

亮点 Bright points

钨丝灯泡组合
裸露的钨丝灯泡，工业视感极强。

<1

<2

居室内的收纳想要更规范、更有序、更具美观性，可以搭配一些有特色的收纳篮、收纳盒、收纳凳等，这些元素往往在外形及选材上会有一些别出心裁之处，经过精心搭配之后，不仅有益于收纳，也会成为客厅中的小亮点。

小家精心布置之处

1.客厅的硬装设计十分简约，墙漆加地板，没有作任何复杂的设计造型，通过色彩与家具的搭配来营造居室氛围，也是减少装修造价的一种方式。

2.做旧的皮质沙发、金属支架的茶几还有钨丝灯反映了主人满满的工业情怀。

亮点 Bright points

插花

清爽而精致的插花，
是柔化室内氛围的最
佳选择。

亮点 Bright points

收纳篮

收纳篮用于辅助收纳一些小物件
再合适不过了。

3.收纳元素贯穿着整个空间，收纳凳、茶几、边
柜、电视柜等物品的布置既满足了基本的功能需
求，还巧妙地创造出一些意想不到的收纳空间。

4.电视柜、茶几以及边柜选择成套搭配，免去单品
搭配的烦恼，让小空间的家具布置更有整体感。

亮点 Bright points

时钟

时钟的样式有着满满的地中海风格的沧桑感，也很有个性。

小家精心布置之处

1.在沙发两侧各添置一个可用于收纳的柜子，提升小客厅的整洁度，同时也不失为一种装饰手段。

2.木地板装饰墙面是现代居室中比较创新的一种装饰手法；家具上精致的雕花装饰将欧洲古典文化带入其中，古今混搭，让居室充满想象力。

第 2 章

餐 厅

混搭 ‹ 风格
餐厅的布局规划

以开放格局创造开阔空间

实墙与矮墙结合，私密性与通透性兼具

利用隔断或屏风延伸隔墙，实现小餐厅的独立

亮点 *Bright points* ……………………

工艺品画
大小不一的贝壳被粘贴在画板上，天然
的选材为现代家居带来了海洋般的自由
韵味。

亮点 *Bright points* ……………………

装饰银镜
镜面是缓解小空间闭塞感的利器，与简
洁大方的金属线条相搭配，层次感更加
丰富，也弱化了镜面的反光性。

亮点 *Bright points* ……………………

桌旗
桌旗华丽的颜色搭配上精致的绣花，看
起来更显奢华。

亮点 Bright points

灯饰
餐厅吊灯的造型很有科技感，光线十分明亮，为质朴的空间注入现代感。

以开放格局创造开阔空间

<1

小家精心布置之处

1.餐桌被依墙放置在厨房与客厅的衔接处，方便上菜用餐，也将厨房与客厅完美分割。

亮点 Bright points

餐具
精致的餐具让用餐氛围变得心情愉悦，如果想让生活充满仪式感与幸福感，可以考虑多准备几套不同风格的餐具，不必花费太多钱就能拥有美妙生活。

2.餐桌上方一顶别致的吊灯，为整个质朴无华的乡村风格居室带入了不容忽视的科技感，也在视线上强调了餐厅的位置，不设间隔似有间隔的感觉很强烈。

拆除多余的墙体，将整体空间规划呈开放式，串联起客厅、餐厅、厨房，得到的是一个开阔的生活空间，动线畅通，同时还能保证有更多的光源进入室内，避免了空间阴暗的情况。

<2

实墙与矮墙结合，私密性与通透性兼具

亮点 *bright point*

欧式吊灯
精致的铁艺花枝搭配
白色磨砂灯罩，精致
又古典。

小家精心布置之处

1.红砖装饰的餐厅其侧墙一直延续到矮墙，矮墙又将餐厅与书房清楚地划分开，形成两个独立的空间，增强了居室功能的弹性。

2.粗犷的红砖作为矮墙的装饰主材，延续了整体空间的乡村基调，绿植的点缀必不可少，美化环境又能净化空气。

　　适当地降低隔断、矮墙或屏风的高度，可缓解区域划分的压迫感。例如，为保持空间的开阔感，可以将餐厅一侧的墙面规划成装饰性矮墙，矮墙的台面可以用来配合收纳与装饰，矮墙的高度也不会使另一区域的采光受到影响，也能适当地保护隐私。

鸢尾图案壁纸
鸢尾花被誉为爱的使者，用作壁纸图案，幸福感满满。

绿萝
绿萝很好打理，且对光照要求不高，还能净化空间，实惠的价格让它成为居室装饰的常备之品。

3.粗糙的红砖很有中式乡村的韵味，搭配上美式的家具和灯饰，视觉效果极佳。

4.餐厅矮墙的另一侧为居室打造出一个小书房，不设实墙间隔，让书房没有了闭塞感，视觉效果更加敞亮。

5.书房的另一侧同样是矮墙打造的吧台，可以用来日常喝茶聊天，休闲氛围十分浓郁。

利用隔断或屏风延伸隔墙，实现小餐厅的独立

吊灯
纯净洁白的吊灯，其造型简约大方，为整个异域风格满满的居室带入现代时尚感。

`<1`

小家精心布置之处

1.厨房与餐厅之间运用了通透的玻璃推拉门作为间隔，完美地将厨房的自然光线引入餐厅，让以白色调为主的小餐厅也有了暖洋洋的氛围。

利用隔断、屏风、格栅等元素的组合运用，让客厅与餐厅之间的隔墙能够得到延伸，这样的规划既不会使小客厅产生压抑感，还能得到一个相对独立的小餐厅。

亮点 Bright points
烛台
白色人造石雕制的烛台，稳固且结实耐用。

2.一半实墙与木质隔断搭配在一起,不仅呈现的视觉效果通透美观,也能使餐客两个空间实现独立,木格栅的颜色让整个空间的清爽之感油然而生。

3.餐桌、边柜以及玄关处的鞋柜都选择了同一样式,干净的白色漆饰面,让整个小空间给人的感觉更加洁净、整洁;玄关处的墙面上悬挂了两幅西北风情浓郁的装饰画,将中式乡村生活的淳朴气息引入现代居室,是整体空间装饰的小亮点。

② 混搭 ‹ 风格
餐厅的色彩搭配

点缀色的呼应关系使小餐厅更有韵味

小面积对比色，展现精致美感

淡色调的背景色，让小餐厅更显细腻、优雅

明快活跃的撞色处理，增进用餐乐趣

亮点 *Bright points* ⋯⋯⋯⋯

布艺餐椅
餐椅的颜色给人清爽宜人的感觉，搭配棕色的实木餐桌，整体用餐氛围更美妙宜人。

亮点 *Bright points* ⋯⋯⋯⋯

铁艺吊灯
黑色铁艺支架搭配米色调的灯罩，深浅颜色对比鲜明，看起来复古又不失明快。

亮点 *Bright points* ⋯⋯⋯⋯

插花
绣球花象征希望与圆满，将其用作装饰可让整个空间充满对团圆的庆祝和对生活美满的希望，极富正能量。

亮点 *Bright points* ⋯⋯⋯⋯

黑色餐桌
黑色餐桌是餐厅中的绝对主角，与白色的背景色形成鲜明对比，简约而明快。

　　混搭风格的餐厅中，适当地融入一些高饱和度的暖色调来进行点缀，能让小餐厅焕发光彩，也能更加突显混搭风格的大胆与魅力。在选择点缀色时，需注意色彩不能杂乱，且需参考背景墙和餐桌椅的色彩，所选色彩之间最好能形成或重复，或递进的呼应关系，这样既提升了配色层次，还能使空间主题更突出。

小家精心布置之处

1.窗帘、装饰画、餐垫、抱枕等元素的颜色相互形成呼应，虽然面积不大，但所带来的丰富的层次感让餐厅别有一番韵味。

2.餐厅位于走廊左侧，不需要间隔就可以让功能区的划分很明显；统一选材的地面也让整体空间看起来更加开阔。

靠枕
餐椅上的靠枕不仅让使用者更舒适，还是室内不可或缺的色彩点缀。

亮点 Bright points

铁艺烛台
铁艺烛台的造型简单，但却牢靠，同时在其上摆放四支蜡烛，明亮的烛光可以让用餐氛围更明亮。

亮点所在 point

斗柜
字母作为柜门装饰，很有创意。

小餐厅中若整体配色比较简单时，可以在室内装点小面积的对比色彩，这样可以使餐厅的主角变得更醒目，室内的整体效果也更加精致、美观。

小面积对比色，展现精致美感

小家精心布置之处

1.浅色的背景让整个空间看起来宽敞、明亮，与客厅之间没有进行明显的分隔，加大了餐厅的活动空间，也使多人用餐不会显得拥挤。

2.墙边整齐的柜子拥有超大的储物空间，上下柜体之间运用了灯带与色彩斑斓的锦砖作为装饰，使柜子不会有压抑感。

京剧脸谱
传统京剧里的青衣扮相
来装饰现代居室，别具
韵味与美感。

陶瓷盘
色彩鲜艳的陶瓷盘点缀墙面，层
次更显丰富活泼。

<3

3.餐桌椅的样式很简单，简单的铁艺支架搭配木作桌板，
是工业风的经典家具样式，结实耐用、性价比很高。
4.青色、白色、红色，三种颜色相间装饰的餐桌，为餐
厅带来别样的艺术感，活跃的色彩搭配，让用餐者的
心情更美好。

<4

淡色调的背景色，让小餐厅更显细腻、优雅

小餐厅的背景色可以选用低饱和度、高明度的颜色进行组合，这样呈现的效果淡雅、细腻。在配色时，餐桌椅和背景墙要避免使用纯色和暗色，以高明度、低饱和度的淡色调、淡浊色调为宜，尽量降低大面积色彩的使用概率，这样得到的效果优雅、有品质且层次分明。

小家精心布置之处

1.墙面定制的边柜可用于承担餐厅的收纳空间，利用结构特点打造出地中海风格比较偏爱的马蹄形，丰富了室内设计的美感。

2.看似平淡无奇的餐厅布置中处处彰显了搭配的用心，餐桌上的餐垫、餐具与餐厅中家具的搭配，不仅在色彩上形成呼应，样式也十分统一。

亮点 Bright point

吊灯

水晶吊坠搭配磨砂灯罩，质朴中流露出一点精致与奢侈

壁纸

壁纸与木质线条搭配在一起，层次丰富，自然而朴实。

搁板与灯带

开放搁板可以用来收纳和展示一些物品，灯带的运用让层次更丰富。

3.开放式空间内的三个立面的选材协调性很高，有效地避免了空间的混乱；客厅中大型散尾葵及插花的装饰迎合了室内自然、质朴的乡村基调。

4.餐厅中拥有明窗，是一件十分难得的室内布局，暖帘的运用比传统窗帘的遮光性更好，而且也不占据空间。

明快活跃的撞色处理，增进用餐乐趣

餐厅中主色与背景色宜采用暖色，这样不仅能给人以温馨感，而且能增强进餐者的食欲。在确定主色调之后，辅助配色的运用是丰富整体色彩层次，强调风格的关键，可以选择高明度、高饱和度的明快色系来作为辅助配色，这样更能彰显混搭风格的配色特点，还能通过清爽、明亮的冷色使人产生喜悦感，让人觉得舒适、自然。

小家精心布置之处

1.餐厅顶面局部运用了镜面作为装饰，一顶欧式吊灯与其搭配，光影层次丰富而华丽，光影效果也非常时尚、明朗；餐桌椅的样式简单，纯净的白色饰面很有现代感。

亮点 Bright points

餐具

精致的餐具是提升用餐幸福感的秘诀，再搭配一些精致的插花、蜡烛等，生活格调得到极速提升。

<1

2.窗帘与边柜的颜色搭配让餐厅的氛围顿显活跃，明快的对比色搭配美观的摆件及插花，整体氛围温馨而华丽。

3.与餐厅相连的玄关处放置了两只精致的鸟笼装饰，将鸟语花香的既视感带入这个设计感简约的空间内。

亮点 Bright points
装饰画
卫星地图用作装饰画，创意满满。

3 混搭 ＜风格
餐厅的材料应用

材质的质感对比，营造出混搭风格的别样韵味

地板上墙，彰显混搭风的别样美感

人字形拼贴方式铺装地板，纹理更丰富

斑斓的陶瓷锦砖，呈现精彩创意

亮点 *Bright points*
护墙板
护墙板的色调沉稳，搭配碎花图案的壁纸，自然质朴之感十分浓郁。

亮点 *Bright points*
软包
充满现代感的软包搭配了略带古韵味的实木家具，呈现的美感很有层次；软包还有很强的吸声功能，兼备了功能性与美观性。

亮点 *Bright points*
地毯
混纺地毯易清洗、好打理，用在餐厅也不会为家居生活带来不便，反而更有生活仪式感。

材质的质感对比，营造出混搭风格的别样韵味

小家精心布置之处

1.餐厅侧墙上斑驳的饰面看起来粗犷又质朴，与温润的木材、光滑的镜面形成鲜明对比，通过简单的材质混搭，彰显出居室的风格魅力。

艺术涂料粗犷、斑驳的表面，可以呈现有别于其他装饰材料的视觉层次感，让居室有种回归原始的美感，粗糙的表面与餐厅中其他元素相搭配，轻松营造出混搭风格的别样美感。

亮点 *Bright points*
组合装饰画
略带传统中式风格的组合装饰画，用在现代居室中别有一番韵味。

2.空间的布局比较紧凑，但仍然设立了餐边柜，为体现整体的协调性，选择了与餐桌相同的材质，还搭配了一块镜面来缓解压抑感。

亮点 bright point

黄色跳舞兰
明艳动人，是餐厅花艺的最爱。

<1

地板上墙，彰显混搭风的别样美感

　　将地板铺装在墙面上，会有意想不到的惊艳效果。餐厅的墙面选用不同纹理和材质的地板来装饰墙面，相较于壁纸等材料，木地板清晰的纹理更加自然美观，且十分耐用，也易于打理，用来装饰墙面十分赏心悦目，别具韵味。

小家精心布置之处

1.净水器被安装在餐桌的一侧，想法很别致，饮水更加方便；几株精美、明艳的花卉点缀出空间最柔软的视觉感受。

2.餐桌与中岛台被设计为一体，大大节省了空间，白色人造石桌面，光洁透亮，搭配上精美的餐具及样式可爱的餐椅，让用餐者的心情也变得更好。

<2

餐具+餐垫
洁白的骨瓷餐盘搭配绿色的餐垫，精致而明快的组合提升了生活品质。

3.餐桌从图片拍照角度看起来更像是一个吧台，上方悬挂着几顶形状各异的吊灯，玫瑰金色的灯罩让灯光呈现的效果更时尚、明亮。

`<3`

地板上墙
木地板的层次丰富，施工方便。

4.餐桌的后方就是玄关，因为空间很小所以免去了间隔，边柜上可以放置一些用餐时需要的物品也可以用来摆放装饰品，同时具备功能性与美感。

`<4`

亮点 *Bright points*

白色护墙板

白色护墙板搭配简单的白色线条，丰富了墙面的设计层次。

人字形拼贴方式铺装地板，纹理更丰富

小餐厅中选择色泽沉稳、古朴的实木地板来装饰地面，清晰的木质纹理和温润饱满的色调，让小餐厅更有归属感与自然感。若想缓解地面材料的单一感，可以在地板的铺装上做出一些变化，如将传统顺纹理铺装的地板改成人字形，这样可以使木地板的纹理层次更加丰富，增添小空间的活跃感。

小家精心布置之处

1.大面积的白色背景让餐厅看起来非常宽敞、明亮，黑白撞色的餐椅，呈现出明快的视觉效果，做旧的木质框架与地板则为居室带来了温馨感。

亮点 *Bright points* ....

装饰画

极富个性的一幅装饰画，彰显了主
人个性与前卫的审美。

2.靠墙放置的装饰画，看似随意放置，却
是室内比较惹眼的装饰元素之一，整体氛
围一下活跃起来，后现代意味浓郁。

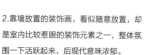

亮点 *Bright points* ....

绿植插花

将几枝简单的绿植插入玻璃杯中，没有鲜花的点
缀，嫩绿的小叶子显得更加清爽宜人。

亮点 *Bright points*

木地板

适当地改变一下地板
的铺装方式，会收获
意想不到的惊喜。

球形吊灯
样式简单，选材古朴，暖暖的光线，让用餐氛围更温馨。

<1

斑斓的陶瓷锦砖，呈现精彩创意

陶瓷锦砖的色彩丰富，尺寸规格也小巧玲珑，可以拼成风格迥异的图案，呈现的装饰效果极佳。在混搭风格的居室中，利用陶瓷锦砖来装饰主题墙，让墙面表情更加多元且丰富。

小家精心布置之处

1.开放式的空间内，餐桌椅摆放的位置很重要，虽然没有设计任何间隔，但是利用家具的不同功能也能让空间区域变得明朗。

2.用陶瓷锦砖拼贴而成的荷花图,有着浓郁的中式韵味,古筝、陶瓷鼓凳也都是经典的中式元素。

3.实木餐桌的样式简单大方,与餐椅的材质及颜色形成鲜明的对比,一个古朴一个现代,混搭感十足。

4.墙面设立的搁板,依照使用功能不同,底层的搁板最宽,可以用来代替书桌,免去单独购买书桌的开支与搭配上的麻烦。

亮点 Bright points

搁板式书桌
在墙面打造一个较长的搁板,用来代替书桌,可以满足两人同时使用。

混搭 ‹风格
餐厅的家具配饰

家具与灯饰的混搭，轻松营造异域美感

铁艺元素让混搭意味更加浓郁

多元化装饰元素，提升趣味性

做旧的木质家具，为混搭风增添质朴感

亮点 *Bright points* ············
插花
清爽宜人的花艺，搭配光滑洁净的瓷器
花瓶，在这个色彩明快的空间中，显得
非常和谐。

亮点 *Bright points* ············
花枝吊灯
别致的吊灯是餐厅中比较惹眼的装饰，
烘托出一个更显时尚的餐厅氛围。

亮点 *Bright points* ············
仿古砖
精致的实木家具搭配粗犷的仿古砖，提
升了整个空间朴实无华的美感。

布艺卷帘
轻柔的材质搭配有趣的图案，让餐厅氛围更活跃。

风扇吊灯
铁艺扇面可以用来代替风扇，与明亮的灯光搭配在一块，同时解决了两种功能需求。

小家精心布置之处

1.餐厅与厨房之间通过顶面与地面的设计变化来界定，结合两处的明窗，使居家氛围很舒适。

2.边柜的设计充分利用了室内的结构特点，嵌入的样式很节省空间，再搭配灯带让深色木质家具看起来更具有质感。

31

家具与灯饰的混搭，轻松营造异域美感

亮点 Bright points
装饰银镜
玫瑰金的边框让六边形镜面更有线条感。

<1

铁艺元素让混搭意味更加浓郁

铁艺元素有着坚固而轻薄的特性，将其融入现代家具中，与木材相结合，一冷一热，形成互补，不会让人感觉过于冰冷，铁艺纤细的造型不占据视线，让小餐厅达到"瘦身"的目的。

小家精心布置之处

1.极简的墙面运用了一组装饰镜作为装饰，玫瑰金的边框看起来十分惹眼，简单的搭配就让室内的美感倍增。

亮点 Bright points
马蹄莲
红色马蹄莲用来装饰餐桌，浓郁的色彩，提升用餐环境的美观度。

亮点 Bright points
吊灯
四顶造型别致的吊灯组合在一起，暖色灯光搭配金色的灯罩，光影效果非常华丽。

亮点 Bright points
柱腿餐桌
结实耐用的柱腿造型，细腻的黑色漆面更显华丽、高贵。

2.餐桌椅作为餐厅中的主角，质感很突出，线条流畅的柱腿让餐桌看起来很结实。

3.餐厅与厨房之间的隔断采用了中岛台，保证了两个区域都能拥有开阔的视野，装饰细节上形成的呼应也更加彰显了居室配饰的精致。

亮点 Bright points
中岛台
作为餐厅与厨房之间的隔断，中岛台的颜色兼顾了两个区域的配色。

多元化装饰元素，提升趣味性

多种元素的叠加运用，让餐厅的混搭魅力展现得非常到位。无论是充满北欧风情的鹿元素，还是地中海风情的海洋元素，抑或是带有英伦格调的米字旗等，看似随意的组合，混搭而不混乱，充分彰显出混搭风格不拘小节的独特魅力。

小家精心布置之处

1.边柜的工业格调满满，为整个精致而细腻的北欧风格居室增添了一份粗犷、原始、复古的美感。

2.空间的设计风格延续了蓝色的北欧主题，餐厅的家具布置可以满足了用餐的一切需求，温馨而舒适。

钟表

米字旗作为表盘的底图，展现英伦风情的同时也有一份涂鸦的感觉。

3.餐厅的面积其实不大，选择圆形餐桌可以满足多人同时用餐的需求，绿植、饰品、小家具的点缀装饰很丰富，却不会压过室内的北欧格调，混搭得恰到好处。

做旧的木质家具，为混搭风增添质朴感

装饰画
粉粉嫩嫩的装饰画用
来装饰餐厅再合适不
过了。

<1

小家精心布置之处

1.餐桌的面板是将两块木材拼接而成的，再搭配上做旧的质感，与细腻的白色
压膜板组成的收纳柜形成鲜明的对比，明快的色彩突出了质感。

亮点 *Bright points*

装饰画
一幅简单的装饰画让简约的墙面充满艺术感。

1.餐厅中除了餐桌椅之外，没有配置任何物品，这使餐厅看起来十分宽敞，简洁通直的木地板铺满整间屋子，使得和谐统一的美感贯穿整个居室。

2.餐桌椅的造型很简练，做旧的实木则增添了一份质朴的美感；细腻柔软的布艺与其搭配，舒适耐用。

亮点 *Bright points*

护角
在视觉上起到划分空间的作用，同时还可以保护墙角，提升装饰美感。

5 混搭 < 风格
餐厅的收纳规划

创意收纳，丰富了空间层次

超大收纳柜，让房间收纳更有弹性

餐桌下方的空间也要好好利用

亮点 Bright points
田园系家具
刷白处理的实木家具给人浓郁的田园
感，柱腿的造型也更坚实、耐用。

亮点 Bright points
搁板
简单的白色搁板搭配墙面的锦砖拼花，
收纳与装饰功能兼备。

亮点 Bright points
双材质餐厅
塑料框架搭配木质边框的餐椅选材很有
创意，顿时增添了餐厅的时尚气息。

亮点 Bright points

餐椅

餐椅靠背上的铜环，小巧精致，为中式风格的餐厅带来了古典欧式元素的美感。

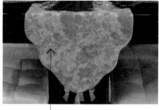

亮点 Bright points

桌旗

桌旗在餐桌上并不是不可或缺的，但确实是最惹眼的装饰。

小家精心布置之处

1.餐厅的收纳规划是整个空间设计的最大亮点，丰富的格子中收纳了花艺、瓷器等大量装饰物品，打造出一个自然清爽，丰富多彩的居室氛围。

2.餐厅前面的收纳格子一直延伸到顶面，暖色调的灯光再配上有反光效果的银镜，光影层次很丰富，有着十足的时尚感。

亮点 Bright points

玻璃吊灯

透明玻璃灯罩，让餐厅的光线更加明亮。

36

超大收纳柜，让房间收纳更有弹性

小家精心布置之处

1.餐厅与客厅之间没有间隔，从照片角度看过去空间非常的宽敞明亮；依墙放置的收纳架子，拥有很强大的收纳功能，可以按需收纳物品，不仅仅是杯子、酒品这类的餐厅用品，书籍、饰品也可以收纳其中。

一物多用在小户型居室中是最巧妙的设计手法，也是最常用的。餐厅、客厅、书房在同一动线上，可以考虑放大餐边柜的尺寸，以满足不同空间的收纳需求。收纳物品时可以采取按需归类、按区分类的方式，靠近餐厅的一侧用来放置一些杯子或是藏酒，靠近书房的一侧用来收纳书籍及工艺品，合理的划分与利用，不仅使空间更加丰富，还保证了基本的收纳需求。

亮点 Bright points

收纳柜

收纳柜的样式很可爱，丰富的颜色非常复合混搭风居室的配色特点。

装饰画

将各种杂志的页面装裱起来，也是墙面上一道亮丽的风景线。

2.三顶样式统一的透明玻璃吊灯，让餐厅看来更加明亮，亮白色的灯光搭配上做旧的木质餐桌，光影效果温和了不少；塑料与铁艺组成的餐椅为这个略带工业情怀的餐厅带来了一份现代时尚气息。

37

餐桌下方的空间也要好好利用

小家精心布置之处

1.餐厅的卡座根据结构特点设计成半圆形，搭配上圆形餐桌，吻合度高，不浪费空间；卡座可坐可收纳，既代替了椅子又充当的收纳柜，一物两用。

亮点 *bright points* ·······

卡座

卡座被设计成半圆形，与室内结构高度吻合，既是餐椅也是收纳柜。

1 混搭 ＜风格
卧室的布局规划

卧室门与衣橱的相互接纳

微调让小卧室拥有多种功能

利用弹性隔断减少小空间压迫感

亮点 *Bright points* ·············
衣橱
整墙规划的衣橱可以满足一家人的衣物
收纳，依墙而立，让室内动线更流畅。

亮点 *Bright points* ·············
插花
两三枝迎春花随意地插在一个玻璃瓶
中，清爽简约，为卧室带入一抹春意。

亮点 *Bright points* ·············
休闲椅
在卧室的一角放置了一把椅子和一张小
边几，利用小家具的辅助，让卧室氛围
更安逸、舒适。

墙饰
白色的小鸟被成群装饰在墙面上，让整洁的卧室显得更活跃。

小卧室的空间有限，可以通过调整卧室门的位置，让其连接收纳衣柜，并借由动线设计，让衣橱正好被安排在门的一侧，这样就能避免入门时与衣橱的正面相撞，也保证了室内的采光量。

卧室门与衣橱的相互接纳

小家精心布置之处

1.整墙规划的衣柜，让卧室拥有超大的收纳空间，甚至是电视机都可以被收纳其中。

2.床头墙运用大面积的木饰面板作为装饰，明亮而时尚的吊灯被左右对称悬挂，突出了木材纹理的同时也提升了整个居室的品质。

微调让小卧室拥有多种功能

小家精心布置之处

1.床品、壁纸、小家具选择了不同深浅的蓝色，让这个以白色和木色为主色调的卧室增添了色彩层次感，活跃了氛围，美化了环境。

2.卧室从一入门就沿墙打造了收纳柜与收纳搁板，满足了居室内的一切收纳需求，可存放衣物、书籍以及一些家居闲置物品。

亮点 bright point

床品

柔软舒适的床品搭配上华丽的颜色，提升了卧室的颜值。

亮点 bright point

装饰花瓶

一对造型精美的花瓶，即使不用来插花也可以装点空间。

3.床头墙设计成凹凸造型，将床头嵌入其中，略微的调整就为卧室创造出一个可用于存放小物品的壁龛，缓解没有床头柜的尴尬局面。

亮点 Bright points

壁龛
厚重的墙面没有被浪费，打造一个小壁龛，再放置一些小物品点缀出生活的情趣。

4.被规划成收纳柜的一侧墙面又规划了梳妆台，十分实用。

5.卡座与收纳柜的结合很用心，搭配了柔软舒适的坐垫，可用于日常喝茶聊天或读书学习。

利用弹性隔断减少小空间压迫感

小家精心布置之处

1.加厚的钢化玻璃代替了传统实墙将主卧与卫生间分隔，玻璃通透的质感与洁净的饰面，展现出现代风格居室十足的利落感与线条感。

2.花艺及画品的装饰点缀，提升了玻璃间隔的美感与层次感。

亮点 Bright points

吊灯
两顶对称的吊灯，其简约
大方的样式，增添了室内
的时尚气息。

<3

3.黑色与绿色相间的条纹壁纸装饰了
卧室的床头墙，视觉效果非常时尚；
家具选择了蓝色，蓝色与绿色的混
搭，个性十足。

4.软包墙、窗帘及墙面乳胶漆都选择
了极富有包容性的奶白色，利用纯
净、优雅的浅色削弱蓝色、绿色、红
色的明快感，使卧室的整体氛围更舒
适、和谐。

亮点 Bright points

软包
简洁大方的软包，不需要复杂的装
饰就很有层次感。

<4

2 混搭 ‹风格
卧室的色彩搭配

蓝色与红色的混搭美感

彰显居室个性的高饱和度纯色

低饱和度色彩的组合，营造和谐、平实的氛围

黑色与金色的组合

亮点 *Bright points* ············

工艺品画
颜色丰富的布艺被装裱在画框中，丰富
而大胆的颜色，让室内配色更活跃。

亮点 *Bright points* ············

扇面
淡淡的绿色扇面给这个欧式风格满满的
卧室带来一丝中式韵味。

亮点 *Bright points* ············

纯棉床品
色彩清爽搭配上纯棉质地，床品让整个
居室的色彩氛围更加温馨。

蓝色与红色的混搭美感

　　将蓝色与红色的对比组合运用在卧室中，鲜明的色彩对比与强大的色彩落差很符合混搭风格居室的配色特点。为追求平稳、舒适的空间氛围，卧室中会适当地融入一些蓝色或红色的中间色来平衡，这样既能体现混搭风格配色的个性美感，还不会破坏卧室整体的和谐氛围。

小家精心布置之处

1.卧室整体以温和大气的大地色系为主，蓝色收纳柜的融入，色彩明亮，散发着独特的魅力，不拘小节的颜色搭配也让居室氛围活力满满。

···· **亮点 Bright points**

钨丝灯泡
多个钨丝灯泡组合运用，让光线充足，美感别致。

2.吊灯的绿色、床头柜的粉红色，两种颜色的混搭，呈现出不俗的美感。

42

彰显居室个性的高饱和度纯色

亮点 *Bright points*

床头柜

小细腿的床头柜，虽然体积小，但却有着大用途。

小家精心布置之处

1.绿色与白色搭配在一起，给人的第一感受非常清爽、明快；布艺元素的选材十分考究，极富质感的绒布呈现的视觉效果十分华丽而高级，提升了整个空间的生活品质。

高饱和度的纯色给人的感觉充满活力和激情，能为居室带来艳丽、丰富的感觉，搭配低饱和度的背景色，两者形成鲜明的对比，可以使整个空间都显得更有朝气和更有个性。

2.壁灯是卧室床头墙上的一个装饰亮点，通透的水晶材质搭配暖黄色的灯光，华丽中流露出温馨之感，为这个色彩清爽、明快的空间注入一丝暖流。

3.窗前放置了两张休闲椅，绿色布艺饰面搭配实木支架，清新而质朴，沐浴在阳光下，让慵懒而闲适的午后时光更宜人。

4.床前斜立了一面穿衣镜，金色木质边框上搭配了精美的雕花，为现代居室中搭入了古典欧式的奢华元素，出挑的色彩、精湛的工艺让镜面更加光彩照人。

亮点 Bright points
搁板与照片
简单的搁板上放置一张主人的生活照，可以展现自我，提升个人魅力。

亮点 Bright points
穿衣镜
精致的金色边框，让镜面呈现出古典主义的精致美。

低饱和度色彩的组合，营造和谐、平实的氛围

亮点 *Bright points*

床头柜

床头柜除了可以收纳一些日常用品，还可以摆放一些自己喜爱的小物件来装点屋内的生活气息。

小家精心布置之处

1.绿植与白色床品的点缀搭配，为这个满是低饱和度色彩的卧室增添了清新、自然之感。

低饱和度的色彩能给人带来低调、素雅的感觉，尤其适合用在老人房的配色中，家具和背景整体搭配和谐，营造出一个稳定、平实的空间氛围，有益睡眠。

亮点 *Bright points*

铁线蕨

铁线蕨被誉为最有效的生物净化器，可以吸收甲醛和防辐射。

······· 亮点 Bright points

懒人沙发
真皮材质的懒人沙发，柔软舒
适，沐浴在阳光下也给这片角
落带来一丝慵懒之感。

2.色彩丰富的装饰画为整个素净、淡雅的空间注入了活力与生机。

3.卧室窗前一侧放置的一个四层斗柜，表面虽进行了做旧处理，但
依旧保持了木材本身的纹理，看起来古朴而又精致。

亮点 bright points

抱枕
清爽的植物图案用在抱枕上，是整屋中不可或缺的点缀。

<1

黑色与金色的组合

小家精心布置之处

1.钢化玻璃与实墙的结合打造了主卧与卫生间的间隔，弱化了实墙的压抑感，磨砂饰面的玻璃也可以保证卫生间的私密性。

2.壁纸的颜色以黑色和金色相搭配，给人呈现的视觉效果轻奢而高级；床的两侧分别摆放书桌与床头柜，这在强化空间功能的同时也让色彩变得更和谐而富有层次感。

<2

灯饰

茶色的玻璃灯罩搭配黑色铁艺支
架，将后现代粗犷的美感带入现代
居室中。

亮点 Bright points

单人椅

蓝色在这个以无彩色系为主的屋子
里，显得格外清爽，可爱而精致的
造型也使室内氛围更活跃。

亮点 Bright points

绣球花

小巧的花瓣搭配洁净通透的
花器，给人带来的美感十分
精致、清爽、文艺。

3 混搭 <风格

卧室的材料应用

做旧的木材装饰出质朴复古的美感

让房间更显安宁的蓝色乳胶漆

木质吊顶的淳朴气质

通过壁纸图案，渲染卧室氛围

亮点 *Bright points* ··········

胡桃木饰面板
胡桃木饰面的衣柜，其细腻的纹理，低调的色泽，增添了现代卧室的质朴、内敛之感。

亮点 *Bright points* ··········

布艺软包
蓝色软包装饰的卧室床头墙，给人的感觉非常清新，立体的软包呈现的装饰效果也十分有现代感，更显简约、利落。

亮点 *Bright points* ··········

床头柜
定制的床头柜，悬空的样式，给人呈现的视感十分轻盈。

小家精心布置之处

1.由做旧的木饰面板装饰的墙面，是卧室装饰设计的一个亮点，斑驳的饰面让卧室给人的整体感觉充满了工业时代的沧桑感。

亮点 Bright points

搁板

淳朴厚重的木搁板可以用来代替电视柜，为小卧室节省了不少空间。

2.洁净的白色床品弱化了卧室的沉重色调的氛围，床头暖色灯光的组合运用也让原本沉闷的小空间明亮、温馨起来。

让房间更显安宁的蓝色乳胶漆

亮点 bright points

装饰画

装饰画的内容流满满的可爱感，约的小空间有了文艺之感。

<1

乳胶漆给人的视感十分轻薄，营造出轻盈的空间感。混搭风格的卧室中，若选用蓝色乳胶漆来装饰墙面，则乳胶漆的色彩浓度不宜为多种，以淡蓝色为最佳，这样一方面可以让室内显得清爽、舒适、宁静还不会产生压迫感，一方面乳胶漆是一种十分百搭的材料，无论是与木材、石材还是与玻璃组合运用，都不会显得太突兀。

小家精心布置之处

1.整个空间以墙面的淡蓝色作为背景色，营造出宁静、安稳的氛围，与浅木色衣柜、土黄色窗帘相对比，给人愉悦、舒适的感觉。

2.落地窗让卧室拥有良好的采光，搭配蓝色的背景色，冷暖互补，让室内的色彩氛围更舒适。

3.从卧室的入门处开始，整墙都被打造成可以用于收纳衣物的衣橱和可以用于工作及学习的书桌及书柜，巧用了结构特点，节省了空间。

木质吊顶的淳朴气质

亮点 *Bright points*

壁灯
手工灯罩搭配黑色铁艺支架，满满的质朴之感。

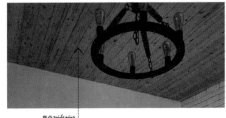

亮点 *Bright points*

木饰面板吊顶
原木饰面板装饰的顶面，朴实而温暖。

小家精心布置之处

1.裸砖与白色乳胶漆打造的墙面，极简而质朴。

2.工字形拼贴的裸砖让简洁的墙面很有层次感，搭配上两盏古朴的手工壁灯，彰显了卧室主人的复古情怀。

3.窗台被直接设计成加宽的搁板，用来替代书桌或梳妆台都是不错的选择。

亮点 Bright points
无题装饰画
无题的装饰画为人提供
了无尽的想象空间。

小家精心布置之处
1.粗糙的裸砖与细腻的乳胶漆形成鲜明
对比,利用材质的彼此衬托,突显混搭
选材的魅力;刷白做旧处理的家具增添
居室淳朴、自然的韵味。

通过壁纸图案，渲染卧室氛围

台灯
透明玻璃的葫芦底座搭配上色调与质感都很柔和的纸质灯罩，整体显得非常别致。

卧室墙面壁纸的色调应柔和，这样才能营造出舒适而温馨的睡眠空间。壁纸的图案也应简洁，避免使用烦琐的大花图案，这样会使小居室产生压迫感。简单的卷草图案壁纸可以让卧室充满自然、婉约之感；条纹图案也能使空间看起来更简洁、利落；小碎花图案则能使混搭风格的卧室拥有田园风的自然气息。

小家精心布置之处

1.床的两侧分别放置两个白色床头柜，样式简单，没有复杂装饰；豆沙色的软包床在铆钉的修饰下线条感更强，也为时尚的现代家具增添了一份复古感。

2.木质衣柜保留了木材本身的颜色及纹理，更加强化了室内的自然基调。

3.大量的植物元素被应用于床品、装饰画及壁纸等软装元素中，为卧室营造出一个自然、唯美的空间氛围。

亮点 Bright points
装饰画
水粉画以花草为题材，这正好迎合了室内的自然基调。

亮点 Bright points
抱枕
欧式古典花纹装饰的抱枕，颜色华丽，为现代美式居室注入古朴之风。

4 混搭 < 风格
卧室的家具配饰

个性小家具增添居室乐趣

浅色衣柜更百搭、更舒适

原木家具，增添小卧室慵懒舒适的氛围

直线条的家具也有复古的美感

亮点 *Bright points* ·········
鸟笼吊灯
鸟笼造型的吊灯是北欧风格居室的经典
装饰元素，用来装饰新中式风格居室，
效果十分别致。

亮点 *Bright points* ·········
装饰画
将穿插复杂的线条装裱在画框中，让卧
室一下就有了不俗的美感。

亮点 *Bright points* ·········
布艺床品
床品永远是卧室中最不能忽视的装饰元
素，营造温暖的氛围，保证舒适睡眠。

射灯

射灯的安装方式十分灵活，可以按需调整光照方向。

个性小家具增添居室乐趣

19

<1

<2

休闲凳

休闲凳的样式、颜色工业感十足，在卧室中错落有致地摆放在一起，让这一隅空间更显悠闲。

小家精心布置之处

1.纯白色墙面让卧室给人的感觉非常整洁、宽敞，家具与布艺元素的样式也都十分简单，轻松、简单的搭配让卧室更清爽、舒心。

2.床头墙两侧对称摆放的台灯，仿造了传统中式宫灯的样式，为现代居室带来了一丝中式古典之美。

浅色衣柜更百搭、更舒适

衣柜在卧室中占据着较大的竖向面积，也是不可或缺的部分。小卧室中衣柜颜色不宜过于深沉，时间长了会使人心情抑郁；颜色也不宜太过鲜艳，时间长了容易产生视觉疲劳。建议选用浅色，如白色、米色、米白色等一些比较温馨的颜色，这类颜色百搭、减压又有益于休息、睡眠。

小家精心布置之处

1.卧室的配色体现出现代风格的特点，灰色、黑色、棕色的搭配使得整个空间时尚气息浓郁。

亮点 Bright points

抱枕
灰色调的抱枕呈现的视感十分高级，其质地柔软的触感，使用起来也更舒适。

落地灯
灯饰的样式简约大方，支架、灯罩都选择黑色，让白色光线显得尤为明亮。

2.窗前一角放置了一张休闲椅，仿动物皮毛的饰面呈现出粗犷而原始的美感，明黄色边几上放置了一抹洁白淡雅的插花，有一种闲适的后现代风。

3.卧室整墙规划的衣柜采用切割线的形式设计，整体感更强，洁白通透的颜色放大了视觉效果，减少小卧室的紧凑感。

亮点 Bright points

绢花
永生绢花的性价比很高，无味的特性用在卧室很合适。

原木家具，增添小卧室慵懒舒适的氛围

S1

小家精心布置之处

1.卧室采用了大量的原木作为装饰主材，从家具到地板再到墙面，大面积的木色赋予空间朴实的美感，整体氛围慵懒而闲适。

亮点 *Bright points*
马头
马头墙饰颜色很鲜艳，与床头的蓝色形成呼应，一同丰富室内色彩层次。

亮点 *Bright points*
软包床
蓝色软包靠背搭配实木框架，明快与质朴之感相互衬托，视觉层次很丰富。

小家精心布置之处

1.色泽淳朴、温润的原木家具样式简洁大方，搭配复古样式的床品、灯饰等软装物品，配色和谐、舒适，营造出古今混搭的慵懒之风。

亮点 Bright Points

纯棉床品

纯棉质地的床品，颜色清爽、秀丽，让卧室更显自然随性。

直线条的家具也有复古的美感

卧室中家具的设计造型对空间风格起着非常重要的作用。在简约的现代风格卧室中，搭配几件造型、选材略带古朴韵味的中式风格家具，古今混搭的组合，瞬间就能让现代风格的小卧室拥有几分中式古典韵味，中式家具的色彩与线条也可以成为小卧室的装饰亮点。

小家精心布置之处

1.卧室的硬装设计非常简单，淡淡的浅色调墙面搭配高级灰色的木地板，打造出一个简洁、利落的背景环境；利用入门处的结构特点打造出的衣橱，其门板同样不做任何装饰，简约大气，尊崇了现代家具注重功能胜过装饰的特点。

<1

3.台灯的设计灵感来源于中式古典宫灯，简化后的样式以简单、利落的直线条为主，但仍保留了古典灯饰的形态和神韵，为现代居室注入一丝难得的古朴、雅致之美。

2.家具、窗帘统一选择了棕色调，宽大的落地窗让室内拥有充足的光线，弱化了深色家具的沉闷感。

灵点 Bright points

艺术圆凳
小而美的艺术圆凳，可以随意折叠收放非常节省空间，打开时犹如艺术品般可用于任何一种风格的家居装饰中。

4.床头墙面运用了简单的黑镜线条作为装饰，简单、大方的线条使得墙面设计很有线条感。

5 混搭 < 风格
卧室的收纳规划

床头柜是小卧室中不可或缺的收纳工具

合理收纳玩具，保证儿童房整洁

衣橱结合穿衣镜，弱化紧凑感

亮点 *Bright points* ············
床头柜
床头柜是卧室中不可或缺的收纳家具，可根据卧室面积的大小来选择一个或两个床头柜。

亮点 *Bright points* ············
壁纸
素雅的壁纸运用了植物图案，虽然不是绿色，但是也能营造出浓郁的自然氛围。

亮点 *Bright points* ············
台灯
水晶玻璃作为台灯的底座，质感通透，十分精致。

铁艺吊灯
黑色铁艺支架搭配白色布艺灯罩，样式简洁，色彩明快。

亮点 *Bright points*

双色窗帘
白色纱帘搭配蓝色布艺遮光帘，视感明快，功能性更强。

亮点 *Bright points*

纯棉质地床品
纯棉的床品柔软舒适，清新秀丽的颜色及图案，传达出空间自然、清爽的韵味。

床头柜是小卧室中不可或缺的收纳工具

小家精心布置之处

1.卧室的整体设计十分简单，利用白色石膏线打破了墙面的单一视感，并与阳台推拉门的线条相呼应，让简约的设计线条得以突出。

亮点 *Bright points*

抱枕
淡淡的浅蓝色抱枕，看起来十分柔软、舒适，搭配碎花图案的床品，清爽之余，让室内的氛围更加悠闲自在。

2.卧室的右侧打造了一间小型衣帽间，可以满足更多的衣物收纳需求，同时也让小卧室得以释放更多空间，减少闭塞感。

合理收纳玩具，保证儿童房整洁

亮点 Bright points

装饰台灯

儿童房中的一切物品都可充满创意，台灯也不例外，选择一盏造型别致的台灯，可以为整个空间增添童趣。

小家精心布置之处

1.床头柜的样式简洁大方，既可以用于收纳也可以用于展现或摆放台灯、相框或水杯等物品。

2.明媚的阳光透过白色窗纱撒入屋内，让这个犹如乐园般的房间更加清爽、舒适。

<1

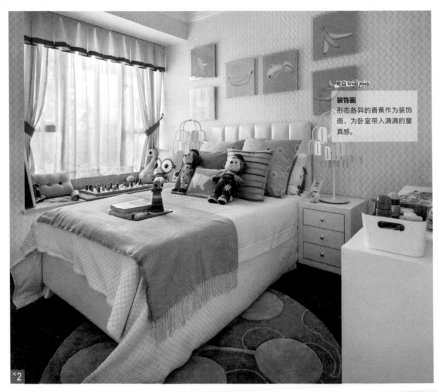

亮点 Bright points

装饰画

形态各异的香蕉作为装饰画，为卧室带入满满的童真感。

<2

亮点 Bright points

磁铁玩具

磁铁贴画玩具是小朋友的最爱，闲置时摆放在玩具柜上，也不失为一种有趣的装饰。

3.抱枕、床品、玩偶等布艺元素的点缀装饰，弱化了白色背景色的单调，丰富而清爽的颜色也更有利于儿童的身心健康。

4.白色玩具柜给人的感觉结实牢靠，简单的样式方便拿取物品，再搭配上柠檬黄色的无纺布收纳筐，不仅丰富了柜体的色彩层次，也让日常的整理与收纳工作变得更轻松。

衣橱结合穿衣镜，弱化紧凑感

亮点 Bright points
陶瓷摆件
两匹形态各异的小马，互动感很
强，为卧室增添了一份活力。

小家精心布置之处

1.除了入门处的衣柜，卧室中还配置了电视柜
和边柜，用来收纳一些小件衣物和贵重物品。

2.卧室入门处整墙打造了衣柜，其推拉门的设
计很适合这个狭窄的空间，镜面装饰的柜门，
兼备了功能性与装饰性。

书 房

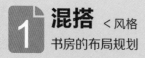

混搭 < 风格
书房的布局规划

吧台作软性隔断，完成小空间的书房规划

良好的布局，保证书房的采光与通透性

利用户型特点，让小户型拥有书房

亮点 Bright points ··········

书桌

将书桌设计成转角式，巧妙地将窗台、书柜与其连接在一起，增添了小书房的实用面积。

亮点 Bright points ··········

收纳柜子

将榻榻米的一侧墙面都做成柜子，用于收纳物品，是个很值得推荐的设计方法。

亮点 Bright points ··········

榻榻米

设计规划的榻榻米，在工作与学习之余可用来休息解乏，还能化身客卧，用来留宿客人。

亮点 Bright points
格子
吧台下方设计成开放式的格子，美观实用。

亮点 Bright points
高脚椅
高脚椅让吧台休闲感更强，一红一蓝，撞色搭配视感更活跃。

亮点 Bright points
铁艺台灯
台灯的线条优美流畅，精致的做工还带有一丝复古感。

小家精心布置之处

1.书房与客厅之间用吧台作为间隔，半开放式的布局让视觉效果更开阔。

2.书房被规划在客厅的一角，沿墙打造了大面积的书柜，利用纯白色柜体缓解压迫感，原木色书桌、地板的搭配，使得空间简洁而又温馨。

56
吧台作软性隔断，完成小空间的书房规划

良好的布局，保证书房的采光与通透性

小空间规划书房可以考虑拆除书房的实体墙，减弱封闭感，使整体空间看起来更加开阔，也让书房拥有更好的采光。除此之外，书柜、书桌的规划布置也很重要，书柜最好依墙而立，书桌的摆放位置以窗前为宜，方向顺光而不逆光最为舒适。

小家精心布置之处

1. 书房拥有良好的采光，让金属元素看起来更有存在感，地面上铺饰了一张圆形地毯，颜色清爽亮丽，使整个书房空间的氛围变得柔和。

2. 金属支架搭配木质搁板打造的书架现代感十足，精致复古的饰品与书籍陈列其中，为现代居室带入新古典主义的轻奢美感。

采点 Bright POINT

百褶台灯
奶白色的百褶灯罩，搭配上金属支架，精致又美观。

亮点 Bright points

官帽吊灯

三顶造型一致的吊灯
整齐排列，优化了书
房的光线条件。

亮点 Bright points

墙饰

仿动物墙饰，让细腻
精致的房间有了自然
原始的粗犷与豪气。

小家精心布置之处

1.擦白做旧的书桌上摆放了精致的饰品和清爽的绿植，这样的搭配赋予了书房精致又清新的视感，顶面吊灯的运用展现了居室主人的工业情怀。

2.书房一侧用了一部分木质格栅与实墙搭配，呼应了室内的蓝白搭配，也丰富了空间的设计层次，通透明亮。

利用户型特点，让小户型拥有书房

`<1`

`<2`

`<3`

小家精心布置之处

1.大量的布艺窗帘不仅保证了室内采光的舒适性，还让小书房更有隐秘性。

2.短沙发可在学习和工作之余用来休息小憩，其底部的抽屉还可以用来收纳一些平时不用的小物品，让小书房更整洁。

3.书房与走廊的间隔采用了灵活的折叠门，白色门板搭配通透的玻璃，让小书房不会产生压迫感。

亮点 *Bright points*
白色纱质窗帘
阳台改造的书房，窗帘是最不可或缺的布艺元素。

4.沙发罩的更换让室内的色彩由明快变成柔和，堆放在沙发上的玩偶增添了室内的童趣，是不可或缺的装饰元素。

5.将客厅与书房之间的间隔隔断设计成拱门造型，同样是白色门板搭配玻璃，与折叠门形成呼应，拱门造型本是地中海风格中的经典装饰元素，用在现代书房中，别有美感。

亮点 *Bright points*
白纱帘
纱帘的视感朦胧而曼妙，搭配上暖色的光线，浪漫又温馨。

亮点 *Bright points*
台灯
暖黄色的小台灯，小巧精致，很是复古。

2 混搭 ＜风格

书房的色彩搭配

浅冷色作背景色，书房更显静谧

不同层次的绿色，让书房更清爽

加入过渡色，减少突兀感

亮点 *Bright points* ············

实木椅子

椅子被通体刷成红色，明艳大方，为室内混搭增添个性化的美感。

亮点 *Bright points* ············

收纳架

黑色收纳架的样式简洁大方，与背景色形成鲜明的对比，这样的搭配在丰富配色层次的同时也不会显得突兀。

亮点 *Bright points* ············

编织收纳篮

蓝色布艺修饰的编织篮，其两种深浅颜色的对比，提升了家居收纳魅力。

59

浅冷色作背景色，书房更显静谧

万国旗
各国国旗装饰在墙面上，趣味性十足。

淡淡的冷色作为书房的背景色或主题色，能给人带来一种和睦、宁静、自然的感觉。在运用时可与灰色、白色、木色或棕色进行搭配，这类色彩可以使书房空间看起来更加规范、整齐。

小家精心布置之处

1.绿色的背景色让书房的整体氛围素净、清爽，与桌面的黄色形成鲜明的对比，能够让整个空间显得活泼。

2.窗帘略显厚重的颜色，一方面可以突出整个空间的现代设计感，另一方面可与其他颜色形成对比，在视觉上最大限度地强化色彩层次感。

3.明亮的灯光下放置了一张休闲椅，样式简约大方，浅灰色布艺搭配棕黄色的实木框架，简单舒适，品质卓然。

不同层次的绿色，让书房更清爽

亮点 Bright points

米字旗
红蓝搭配，非常经典，极富英伦范儿。

亮点 Bright points

单人椅
绿色布艺搭配原木色支架，小小的椅子将两种最有自然感的色彩融合在一起，让生活和家充满了无限的清新感。

小家精心布置之处

1.简易的榻榻米可以将书房化作客卧用来待客，丰富的布艺元素也为简约的空间添彩不少；深色实木地板的纹理清晰，与绿植一起大大增加了室内质朴、自然之感。

2.装饰画打破了墙面的单调感，不显突兀且保证视觉的开阔感。

3.整墙打造的衣柜，既能将空间的结构得以整合，又是整个居家生活的收纳空间；推拉门的颜色丰富，给这个空间带来一份缤纷绚丽的美感。

加入过渡色，减少突兀感

混搭风格的书房中，采用对比色来突出空间的色彩层次，但需要加入一些中间色进行调和，中间色可以是原有色彩的同类色或类似色，这样可以弱化一些色彩差异，让对比色的组合不显突兀，也让书房更有整体感，舒适度更好。

实木地板

木地板的颜色沉稳内敛，增加了室内的色彩稳重感。

装饰布
蓝白相间，活跃感十足。

<2

<3

小家精心布置之处

1.书房整体以清爽的绿色作为背景色，蓝色与白色的对比明快，棕红色介于原木色与紫红色之间，让配色丰富明快的书房色彩递进舒缓、和谐。

2.利用结构特点在书桌的右侧墙面上打造了壁龛，用来收纳一些书籍，拿取很方便。

3.书桌前的墙面上粘贴了很多照片，尽情展现了主人的喜好。

3 混搭 <风格

书房的材料应用

仿古砖的质朴与复古感

红砖与木材的质感对比演绎的质朴情怀

适当调和墙漆色彩，打造别样氛围

亮点 Bright points

纯纸壁纸

将地图印在壁纸上，用来装饰书房再合适不过了，同时也彰显了主人的喜好及品位。

亮点 Bright points

插花

插花的颜色清爽宜人，搭配深灰色玻璃花瓶，为现代书房带来了难得的一份轻奢美感。

亮点 Bright points

原木色地板

原木色地板给人很暖的感觉，同时也弱化了室内强烈的黑白对比，为书房增温不少。

 62

横梁
实木装饰横梁让顶面
的设计更有层次。

隔墙与收纳柜
卧室入门处利用隔
墙打造了收纳柜，
美观实用。

小家精心布置之处

1.书桌被放置在床边，增添了卧室的功能，倚墙打造的搁板可以用来放置一些学习用的书籍或展示一些喜爱的饰品，兼备功能性与美感。

2.飘窗为居室增添了可用于观景的角落，飘窗下的抽屉，可用于收纳一些零碎物品，拿取也很方便。

混搭风格喜欢做旧、古朴的效果，而仿古砖就是非常好的选择。混搭风格室内的地砖并不遵循常规的铺贴方式，而是采用对角式铺装或是将不同规格的地砖混杂地粘贴于地面，这样呈现的效果十分出众，再搭配一些做旧的家具或现代工艺饰品等，让居室的混搭之感更浓郁。

仿古砖的质朴与复古感

水波帘
水波帘的样式优美、
贵气，为书房带来宫
廷般的优雅之感。

平开帘

平开式窗帘样式简
单，悬挂和掀拉都很
方便。

红砖与木材的质感对比演绎的质朴情怀

小家精心布置之处

1.大地色系组合运用在书房
中，使书房整体散发着朴实
无华的美感。

2.入门后的整面墙都打造成
可用于收纳的柜子，细腻富
有质感的板材搭配精致的五
金配件，复古气息很浓郁。

<2

3.折叠沙发放置在书桌后面，颜色与窗帘形成呼应，自然气息满满，这样不仅提升了室内色彩的层次感，柔软舒适的沙发也可以用来留宿客人。

4.墙面采用双拱门造型，细腻的乳胶漆搭配粗犷的红砖，材质及色彩的对比都很鲜明；书桌和椅子的选材与收纳柜保持一致，让书房设计很有整体感。

适当调和墙漆色彩，打造别样氛围

书房中为营造安稳、素净的空间氛围，可以在白色墙漆中适当地掺入一些蓝色、绿色、灰色或黄色等颜色进行调和，这样可以让书房的整体背景更有氛围，效果也要好于单调的纯白色。

小家精心布置之处

1.书桌后面放置了一张沙发床，可坐可卧，清爽的配色搭配明媚的阳光，在整个色彩明快的屋子中显得格外安逸舒适。

亮点 *Bright points*

干枝与陶艺
这样两种元素的组合，为现代居室带来几分禅意。

亮点 *bright points* ⋯⋯⋯⋯⋯

吊灯

铁丝框与灯饰的组合，满满的工业情
怀充斥着这个现代风格的书房。

2.宽大的落地窗让书房拥有充足的采光，运用
灵活且不占空间的百叶来调节，效果极佳。
3.搁板代替了书柜，黑色金属支架搭配白色膜
压板，简洁大方，美观实用。

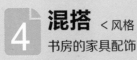

4 混搭 < 风格
书房的家具配饰

家具的漆面，让书房混搭韵味浓郁

饰品挂件使书房内容更加丰富

增添书房功能的小家具

亮点 Bright points

丰富的小饰品

女孩子的书房中，总少不了一些小饰品的点缀，多姿多彩，仿佛将饰品店搬回了家里。

亮点 Bright points

定制书柜

书桌上方的书柜，充分利用了空白墙面，为书房提供了收纳空间。

亮点 Bright points

铁艺椅子

充分利用铁艺的可塑性将椅子的造型设计得很别致，结实耐用，再搭配上厚厚的布艺坐垫，保证了使用的舒适度。

家具的漆面，让书房混搭韵味浓郁

家具的彩色漆面被称为混油，能够保护家具饰面，比传统的木质纹理呈现的色彩氛围更活跃。在混搭风格居室中，将不同色彩的彩色漆应用于造型简约的木质家具中，呈现的效果十分丰富，更加强化了居室的混搭格调。

小家精心布置之处

1.书房中的家具搭配得很协调，彼此衬托，不显突兀，依墙而设的成品书柜收纳功能强大，矮柜的漆面颜色多样，既丰富了室内色彩层次，又活跃了书房氛围。

2.书桌放置在窗户旁边，充足的自然光与良好的通风条件，为工作或学习营造了一个十分舒适的空间氛围。

<1

<2

66

饰品挂件使书房内容更加丰富

混搭风格是一种随意性很强的装饰风格，可以根据自己的喜好来选择室内的配饰。如在现代简约风格的居室中，搭配一些厚重、华贵、精细的仿古金属饰品，古今搭配，让居室表现得更加丰富。

小家精心布置之处

1.实木地板与皮质座椅的颜色搭配得十分和谐，墙饰、装饰画、灯饰等元素点缀其中，呈现的美感粗犷而原始。

金属墙饰
仿铜材质的墙饰，
看起来很有重量感
与质感，其可爱的
样式也弱化了原体
的粗陋感。

2.书桌上方大面积的素色墙面没有做任何复杂的设计，而是挂
上了精致的鹿角、牛角，丝毫不显空洞。

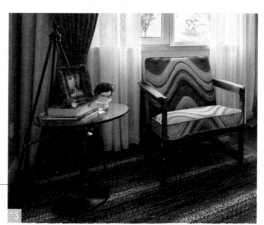

3.窗前放置了休闲椅与边几，
清爽的色调及考究的选材，让
这个空间更加休闲惬意。

边几
金属支架搭配钢化玻璃组成的边
几，坚实稳固，极富现代感。

67

增添书房功能的小家具

在书房中搭配一些带有休闲功能的小家具，一方面可以用来缓解工作、学习的压力；一方面可以通过不同的家具造型及材质来丰富小书房的表情。无论是一把躺椅、吊椅或是可以用来休息小憩的小沙发，都是不错的选择。

小家精心布置之处

1. 深色布艺窗帘保证了室内光线的舒适性，窗前放置了一张休闲吊椅，藤质编织选材自然，增添了室内的休闲感，在阳光之下安逸舒适。

亮点 Bright points

吊椅

纯天然选材，自然休闲气息浓郁。

亮点 Bright points
鸟笼吊灯
玫瑰金色的鸟笼吊灯，样式及灯光颜色
都很温暖。

2.书房中家具的搭配很多元化，现代感十足的椅
子，田园意味浓郁的吊椅，轻奢感浓郁的鸟笼吊
灯，巧妙不显突兀，不用担心不和谐。

亮点 Bright points
龟背竹
虽然被放置在高高的书架
上，但是难得的绿色也为
书房增添了无限的生机。

亮点 Bright points
地毯
米色地毯的运用，营
造出一个温馨、舒适
的家居氛围。

<2

亮点 Bright points
单人椅
金属与塑料的组合，
选材多元而现代。

亮点 Bright points
茶几
束腰造型的小茶几，线条优美流畅，让
休闲一角显得很舒心。

5 混搭 ‹风格
书房的收纳规划

延伸榻榻米，增加更多收纳空间

整合户型结构，助力书房收纳

利用收纳箱、筐收纳小件物品

亮点 *Bright points*

书柜
整墙都设计成书柜，开放的格子搭配封闭的抽屉，层次丰富，让收纳更加得心应手。

亮点 *Bright points*

布艺窗帘
窗帘的浅色弱化了布艺面料的厚重感，保证了书房的氛围更加温馨舒适。

亮点 *Bright points*

创意搁板
在书桌上方设计两处造型别致的搁板用于收纳，且其大小合适，不会让小空间产生压抑感。

延伸榻榻米，增加更多收纳空间

完记旧格design

平开式收纳柜
利用结构特点打造的收纳柜，方便又实用，可以满足居家收纳需求。

小家精心布置之处
1.榻榻米的一侧设立了收纳柜，大面积的柜体可以用于收纳家居中的一些闲置物品，还小居室更加整洁、明亮。
2.书房的另一侧墙面用铁艺和木作打造的搁板代替了传统书柜与书桌，满足书房的实用需求。
3.榻榻米可以用来喝茶聊天，是书房中可供休息的一处场所。

　　利用地板的延伸设计，将书房打造成榻榻米，将传统日式元素融入现代风格的室内，轻松获得一个混搭风浓郁的小书房。榻榻米下方空间可以用来收纳一些换季衣物、被褥等，兼顾了整个居室收纳功能的同时，还可以随时化书房为客卧，满足留客需求。

整合户型结构，助力书房收纳

亮点 Bright points

密度板混油
将护墙板刷成淡淡的青色，其呈现的氛围十分清新、明快。

亮点 Bright points

劈柴
一小堆劈柴，让装饰壁炉看起来更逼真。

<1

书房作为居家学习工作的场所，储物除了要有强大的收纳能力，外表也尤为重要。书柜的设计可以参考书房的整体结构布局来设定尺寸和造型。规划收纳时，高处柜体可用来摆放一些饰品，与视线保持平衡的位置可用来摆放书籍，视线高度以下的位置，可以做成封闭式收纳，用来放置一些文件、药品、玩具等一些使用率不高的杂物，以保证空间的整洁度。

小家精心布置之处

1.书房部分墙体被规划成收纳柜，增添了书房的收纳空间，其白色柜体也不会产生压迫感；同时也调和了橙色与蓝色搭配的鲜明对比，使书房的整体色彩氛围舒适而不乏个性。

亮点 *Bright points*

胡桃夹士兵
胡桃夹小士兵让室内充满童话趣味。

小家精心布置之处

1.定制的家具让书房拥有一张超大书桌，可以同时满足两个人使用；开放的层板造型别致且富有创意，装饰点缀的物品也很有趣味性。

2.椅子的样式很有科技感，设计者充分利用了金属的可塑性让椅子的造型别致而富有个性；黑色、白色、蓝色三色的搭配为明快时尚的家居氛围带有一份清爽之感。

70

利用收纳箱、筐收纳小件物品

亮点 *Bright points* ··············

布艺平开帘
双层平开帘，操作方便，
保证室内光线舒适。

亮点 *Bright points* ··············

布艺暖帘
暖帘是装饰日式风格居
室的经典元素，用在现
代书房中，简约而唯
美，且并不显得突兀。

小家精心布置之处

1.两面环窗的书房，采光过
剩，用平开帘搭配日式暖帘的
方式，保证室内光线充足舒
适，有利于视力健康。

2.暖帘的一侧墙面上打造了搁
板以代替书柜，满足了书房的
收纳需求，整齐有序，拿放都
很方便。

<1

<2

亮点 *Bright points* ··············

竹制收纳筐
可以收纳一些细小物品，手工打
造的样式很简单，却有着浓郁的
自然质朴之感。

第 5 章

厨 房

1 混搭 ＜风格
厨房的布局规划

将厨房规划成L形，保证动线畅通

舍弃间隔，让餐厅与厨房融为一体

中岛台与定制家具化解畸形厨房

亮点 *Bright points*

小中岛台
小中岛台将橱柜延伸成U形，创造出更
多的操作空间。

亮点 *Bright points*

深棕色墙砖
深棕色墙砖极富质感，与白色橱柜形成
鲜明对比，视感十分明快舒适。

亮点 *Bright points*

亚光地砖
灰白色的亚光地砖，耐脏、耐磨，很适
合用来装饰厨房地面。

将厨房规划成L形，保证动线畅通

71

小户型的厨房规划最理想的格局是L形，它的动线十分流畅，实用度很高。厨房台面功能布局的规划应将水槽与炉灶错位摆放，这样做的好处是可以避免水火产生冲突，也十分符合烹饪从洗到切到煮的操作程序。

亮点 bright points

红玫瑰

喜庆的红玫瑰，放在厨房中是个不错的选择，既能美化环境，又让烹饪过程更加愉悦。

小家精心布置之处

1.厨房规划成L形，动线很畅通，棕红色的实木橱柜，低调中带着华贵质感；墙面上简约的搁板与其形成鲜明的对比，同时也为厨房提供辅助收纳。

2.小碎花图案的窗帘为整个色彩氛围相对沉稳内敛的空间注入了清新、唯美的视觉感，也让居室光线更舒适。

72

舍弃间隔，让餐厅与厨房融为一体

　　餐厨的整合完全可以根据居住者的自身喜好决定，拆除厨房的墙体，根据使用需求调整一下橱柜的方向和冰箱摆放的位置，少了墙面的束缚，可以缓解小空间的封闭感，与餐厅共处一室，让用餐与烹饪无缝对接，整体感觉会显得温馨而明朗。

小家精心布置之处

1.餐厅与厨房相连，不设间隔，让整个空间更显宽敞，餐桌的一侧墙面被整体设计成收纳柜，同时还将烤箱等厨房家电整合其中，温润的木色柜体也为整个黑白色调的空间增温不少。

晶点 Bright Point

集成橱柜

橱柜的面积很大，满
足厨房中的一切收纳
需求。

晶点 Bright Point

墙饰

墙饰的样式及颜色都
充满了浓郁的异域情
调，让白墙看起来很
特别。

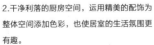

<2

<3

2.干净利落的厨房空间，运用精美的配饰为
整体空间添加色彩，也使居室的生活氛围更
有趣。

3.上下层橱柜之间搭配了黑色墙漆与黑色人
造石台面，其白色弱化了压抑感，黑色则增
添了层次感。

中岛台与定制家具化解畸形厨房

畸形结构的小厨房中，若不想大动干戈地砸墙进行空间整合，则可以通过设立中岛台与定制家具的组合来化解这一缺陷。中岛台不仅是厨房中的操作台，也可以作为餐桌，还能当作吧台，为小居室提供休闲娱乐的空间；而定制家具更是化解畸形结构的最佳选择，量身定做的优势可以填补畸形结构的不规则角落，实现畸形厨房的整齐划一。

亮点 Bright points ⋯⋯⋯⋯

小件厨具的点缀

小件厨具的选择也可以化身为装饰品来点缀厨房氛围，绿色搪瓷奶锅就很精巧可爱。

小家精心布置之处

1.橱柜及收纳柜的定制都迎合了结构的特点，弥补了畸形厨房的不足。

2.承重墙将厨房一分为二，沿墙打造的操作台，既是餐桌也是吧台，其左侧为备餐区，可以用来放置一些小家电。

3.中岛台的另一侧为烹饪区，集成灶的运用将烤箱、洗碗机、油烟机和炉灶整合在一起，让小空间更有整体感。

2 混搭 <风格
厨房的色彩搭配

黑白对比色，呈现明快视感

利用食品、餐具的色彩丰富小厨房配色

亮点 Bright points ·········

来自食品的颜色
厨房中的一切都可被视作装饰元素，如一罐鲜红的番茄酱、瓜果蔬菜甚至是一罐意面都可以。

亮点 Bright points ·········

金边吊兰
在洗菜盆一侧的墙面钉上用来种植花艺的金属架，整齐种植的吊兰将自然气息带入现代居室中。

亮点 Bright points ·········

白瓷砖
工字形拼贴的白色瓷砖，与黑色人造石台面形成鲜明的对比，显得空间颜色层次明快丰富。

黑白对比色，呈现明快视感

亮点 Bright point
冰箱贴
冰箱贴是点缀小厨房的最佳物品，可根据自己的喜好随意置办，经济实惠。

亮点 Bright point
整体橱柜
橱柜的线条样式简约大气，简单的线条呈现的利落感十足。

小家精心布置之处
1.黑色橱柜和台面给人的视感十分高级，搭配米白色的墙面、地面，创造出小厨房明快、整洁的视觉效果。

<1

利用食品、餐具的色彩丰富小厨房配色

亮点 Bright points
瓷质餐具
餐盘的颜色很出挑，显得厨房氛围热闹、有趣。

亮点 Bright points
便贴
冰箱上干贴，展现满的居家

亮点 Bright points
照片板
将自己日常烹饪的美食拍成照片并打印出来，粘贴在一起，这样在展现烟火气息的同时，也很有成就感。

小家精心布置之处

1.白色为厨房的背景色，洁净清新，适当地搭配一些丰富活跃的色彩，让空间轻重有序，更显活跃和舒适。

小户型的厨房，受面积大小的影响，配色多会以浅色为主，以求打造出简洁、宽敞、明亮的空间氛围。为避免浅色的单调，明快而艳丽的色彩也不能少，像果蔬、餐具等这些厨房中必不可少的物品就成了厨房中最亮眼的点缀，对丰富空间色彩氛围有着不可忽视的作用。

小家精心布置之处

1.小厨房中运用了集成橱柜，整体感更强，也更节省空间，深浅两种颜色的墙砖色彩对比很柔和且富有层次感。

亮点 Bright points
果蔬篮
仿真蒜头制作的收纳篮，别致又富有个性。

亮点 Bright points
绿植
在小厨房的台面上，除了一些果蔬之外，还摆放了一株绿植，做到净化空气美化环境两不误。

2.绿植、果品、小件厨具是厨房中必不可少的物品，它们不仅满足人们对食物的需求，还可以起到装点空间氛围的作用。

3 混搭 <风格
厨房的材料应用

变换一种拼贴方式，让单一的材质更有美感

装饰釉面砖，增添小厨房美感的选材

亮点 *Bright points* ·········

玻璃门间隔
由白色实木框架搭配玻璃制作的厨房间
隔，简约通透，减少闭塞感。

亮点 *Bright points* ·········

铝扣板
铝扣板的性能很好，防水防潮，干净的
白色饰面简约美观。

亮点 *Bright points* ·········

防滑砖
防滑砖性能优越，米白色也更加百搭。

软装小贴士 point
艺术墙贴
精致可爱的墙贴，增添了厨房装饰的趣味性。

白色墙砖与黑色填缝剂的搭配，是经典的小空间搭配，若想令墙面的材质更有美感与层次感，可以在贴砖的工艺上做些改变，如工字形、鱼骨形的拼贴方式都是不错的选择，让单一的材质呈现多样的视觉效果。

小家精心布置之处

1.厨房的整体装饰简约大方，墙面的白色瓷砖更显简洁通透，工字形的拼砌方式赋予了简单的墙面以生动感。

2.厨房的整体采光很舒适，深灰色的橱柜搭配白色人造石台面，深浅颜色对比明快。

变换一种拼贴方式，让单一的材质更有美感

绿萝
长势茂盛的绿萝净化空间，美化环境。

亮点 bright points

<1

装饰釉面砖，增添小厨房美感的选材

为突显厨房整洁、干净的视觉效果，白色是厨房中最常用到的颜色，小到餐具，大到橱柜、台面。在混搭风格的厨房中，若想增添一点不一样的美感，厨房墙上的用砖可以稍微做出一些改变，例如，选择一些复古的釉面小彩砖，搭配白色填缝剂来填充，与白色橱柜、台面等处形成呼应，再借由彩砖的颜色及质感为小面积的厨房提升美感。

小家精心布置之处

1.方形结构的厨房规划成U形布局，最大化地利用了空间的使用面积，不仅增添了厨房的操作空间还让收纳功能更加强大。

小家精心布置之处

1.墙面上局部点缀了彩色釉面砖，弱化了白色橱柜的单一视感，丰富了整个厨房的色彩层次。

亮点 *Bright points*

釉面砖

颜色丰富饱满的釉面砖，是厨房最惹眼的装饰。

小家精心布置之处

1.L形的厨房布局，很适合狭长形的厨房，从洗菜、备餐到烹饪，整个流程很顺畅；墙面装饰的彩色釉面砖饱满丰富的色彩与白色橱柜搭配，混搭出一个唯美而精致的厨房空间。

4 混搭 ＜风格
厨房的家具配饰

浅色橱柜让小厨房更显宽敞整洁

增添厨房趣味性的小件物品与绿植

亮点 Bright points

水盆

圆形水盆很别致，将水盆挪至中岛台的设计也很合理，为烹饪区创造更多的操作空间。

亮点 Bright points

富贵竹

富贵竹名字的寓意很好，其价格经济实惠，是一种很受欢迎的居室绿植。

亮点 Bright points

实木橱柜

实木橱柜的颜色温润，视感质朴，搭配做旧的地砖，呈现的美感更加浓郁。

浅色橱柜让小厨房更显宽敞整洁

亮点 Bright points

木纹压膜橱柜
压膜橱柜选择木纹纹理，自然感十足，比传统实木橱柜更经济实惠。

亮点 Bright points

果蔬
美味的果蔬是最自然的色彩，使空间的生活气息更浓郁。

亮点 Bright points

仿古砖
浅棕色的仿古砖，朴实无华。

小家精心布置之处
1.浅木色的橱柜纹理清晰，比单一的白色更美观自然，搭配米黄色的墙砖，让小厨房看起来宽敞、洁净，非常具有温馨感。

增添厨房趣味性的小件物品与绿植

厨房中的物品除常用的锅碗瓢盆、餐具杯碟等物品外，还可以适当地添加一些净化空气的绿植或是自己喜爱的小物件，这些元素的加入可以增添空间的趣味性与个性，让一成不变的烹饪空间也有了不容忽视的美感，这种装饰手法在混搭风格的厨房中是十分常见的。

小家精心布置之处

1.炉灶旁边摆放的调料罐，样式很可爱，为氛围古朴的厨房带入一番小清新的美感。

富贵竹

富贵竹对光照要求不高，适宜在明亮的散射光下生长，用来装饰厨房也是个不错的选择。养护时可以将几颗铁钉丢在花瓶中，有利于植物生长。

2.棕色与绿色是最经典的大地色系，一个象征着泥土，一个象征着植物，这两种颜色组合在一起，使小厨房呈现自然、质朴之感。

3.厨房整体用了棕色色调的橱柜和白色台面搭配，优雅大方，白色人造石台面细腻且易清洁，减少了厨房工作的负担。

亮点 *bright points*

绿萝

绿萝四季常青，可以吸收厨房中的油烟异味，而且容易打理。

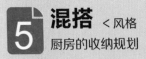

混搭 < 风格
厨房的收纳规划

开放层板, 让收纳小物更便捷

吊柜开拓更多收纳空间

丰富橱柜造型, 强化收纳功能

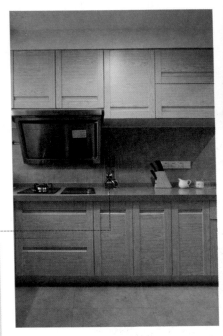

亮点 *Bright points*

五金收纳

台面上放置一个用于收纳小件工具的金属支架, 将一些汤勺、锅铲等挂在上面, 使得台面更显整洁利落。

亮点 *Bright points*

吊柜

厨房操作台上方的墙面也不要浪费, 把它打造成吊柜, 可以用来放置一些不经常使用的厨房用品。

亮点 *Bright points*

浅色仿古砖

厨房整体以白色为主色, 地面选择了浅色仿古砖作为装饰, 与白色橱柜之间有着微弱的色差, 呈现的视觉效果更和谐舒适。

小家精心布置之处

1.色泽温润的实木橱柜极富质感，搭配白色人造石台面，简洁大方不显压抑；封闭式与开放式结合的柜体让收纳更便捷，也增添了整体厨房的美观性。

亮点 Bright points

搁板

上层橱柜中设立了一个开放的搁板，可用来摆放一些小件物品。

亮点 Bright points

金属挂钩

在墙面上安装一些可以左右滑动的金属挂钩，是收纳小件工具的好方法。

亮点 Bright points

艺术墙砖
色彩古朴的墙砖中点缀几块跳色的艺术砖，增添空间趣味性。

吊柜开拓更多收纳空间

设计要满足将厨房中上百件大大小小的物品方便快捷的收纳需求，是一件十分烧脑的事情。作为厨房的收纳中心，橱柜的规划布置十分重要，除了利用各种抽屉之外，吊柜也是个不错的选择，它可以将墙面空间充分利用，让厨房的收纳更便捷且容量更大。吊柜里将储物模块化是一种比较实用的做法，把吊柜里的大空间用收纳盒拆分成小空间，每个收纳盒上都写好里面存放物品的种类，方便拿取。吊柜上除了收纳盒，还可以摆放一些用于收纳五谷杂粮的收纳罐，罐子的密封性比袋子更好，查找、拿取、摆放也更方便。

小家精心布置之处

1.橱柜的规划遵循了结构的特点，上下都做了可用于收纳的柜子，L形的布局最大化地利用了厨房的操作空间。

亮点 Bright points

绿植
两株可爱的小绿植点缀在橱柜中，增添厨房美感。

亮点 *Bright points* ....
铁艺柜门
用铁丝网代替传统的木质门板，
透视性强，方便查找物品。

2.绿色橱柜让整个小厨房充满了大自然般的
自然气息，橱柜上方打造的天窗虽然不大，
却有温暖的阳光透过窗户，非常温馨。

3.为了增加室内的收纳储物空间，橱柜之上
又打造了用来摆放酒品的搁板，既是收纳也
是装饰。

<2

亮点 *Bright points*
碎花窗帘
碎花窗帘透过明亮的
阳光，显得更加轻柔
好看。

<3

亮点 Bright points

永生插花
永生花性价比高，美观
程度不逊色于真花。

82

丰富橱柜造型，强化收纳功能

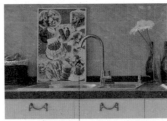

亮点 Bright points

装饰画板
以美食照片为主题的画板，带来的幸福意
味十分浓郁。

小家精心布置之处

1.转角的台面，操作空间更大，从备餐到烹饪一
气呵成，动线十分顺畅；台面上陈列摆放的厨
具、食物装点出居室中的烟火气息。

2.多种样式的柜体格子可以用来放置一些藏酒
或餐盘，拿取方便，也是装点厨房的一处亮丽
景色。

1 混搭 < 风格
卫生间的布局规划

双一字布局，完成干湿分离

舍去淋浴房，增强小空间弹性

亮点 Bright points
木质搁板
洗手台上方设立的搁板，用来收纳常用的护肤品再合适不过了。

亮点 Bright points
铝扣板
白色铝扣板的运用弱化了深色墙面的沉闷感，与白色洁具搭配相得益彰。

亮点 Bright points
一字形淋浴房
一字形淋浴房是所有淋浴房中施工最方便的一种，且规划出的空间更显规整。

83 双一字布局，完成干湿分离

亮点 Bright point
洗漱柜
定制的洗漱柜不只增加了洗漱台的使用空间，收纳空间也得以加大。
1

将卫生间规划成双一字形，利用钢化玻璃将其一分为二，实现干湿分离，这样就能保证沐浴之外的洗漱区干爽、卫生，维持卫生间整体环境的整洁美观。双一字形布局方式既节省空间，又能满足最基本的生活需求。

小家精心布置之处

1.钢化玻璃给人的感觉十分的整洁、通透，用来实现小卫生间的干湿分区再合适不过了，使干区与湿区都不会产生压抑感。

舍去淋浴房，增强小空间弹性

　　为提高卫生间中各种功能洁具使用的舒适度，可以适当地调整一下坐便器、浴缸、洗手台的位置，还可以舍去淋浴房的设立，用浴帘代替，增强小卫生间灵活性与弹性，降低装修成本。

亮点 Bright points

实木浴缸
实木浴缸为浴室带来自然的气息，有返朴归真的情趣。

小家精心布置之处

1.将卫生间设立在阁楼中，可以为室内其他空间节省出更多的实用空间，采光良好的阁楼也让卫生间更舒适。

2.卫生间内各种功能的洁具根据室内的结构特点合理规划布置，尽量避免碰头的尴尬。

2 混搭 <风格

卫生间的色彩搭配

材质的变化，也能使小空间的色彩层次变得丰富

上浅下深的配色，增添稳重感

亮点 Bright points ....

蓝色浴室门

蓝色的门板增添了室内的色彩活跃感，
为充满现代感的浴室看起来色彩层次更
丰富。

亮点 Bright points ....

彩色花砖

墙面局部运用花砖作为装饰，活跃了整
体的装饰氛围与色彩层次。

亮点 Bright points ....

棕绿色墙砖

利用墙砖颜色的变化，将淋浴区与其他
区分开，也让卫生间内的色彩更显沉稳
内敛。

梳妆镜
不锈钢线条将梳妆镜修饰得十分有线条感。

　　提升小浴室的色彩层次，除了依靠陈列的护肤用品和地垫等元素之外，还可以在墙面选材上下功夫。将一些色彩斑斓的小块锦砖贴在浅色墙砖中，不同颜色的点缀，让整体空间多了一丝活跃感，丰富的层次也使小浴室看起来更加别具一格。

小家精心布置之处

1.以白色为主的小浴室中，墙砖的跳色处理显得很别致，不仅仅丰富了室内的配色层次也使整体氛围活跃了不少。

2.双面盆的设计，可以让两个人同时洗漱，提升效率，节省时间。

材质的变化，也能使小空间的色彩层次变得丰富

171

‹1

小浴室的配色多会以浅色为背景色，这样可以打造出一个清爽、干净、宽敞的空间，为增强空间的稳重感，地面的颜色可以适当加深，这样可以使空间的氛围更加稳固，也减少了浅色的漂浮感。地面的颜色要参考墙面，过渡要和谐、平稳。

小家精心布置之处

1.大地色系的地砖非常大气，深浅过渡和谐，让室内的色彩搭配更显稳重；为了实现干湿分区，淋浴房选择了五边形，使小空间减少了一些拥挤感。

亮点 Bright points

手工玻璃吊灯
色彩缤纷绚丽的手工玻璃吊灯让卫生间有了别样的异域情调。

亮点 Bright points

地垫
防滑地毯的颜色深浅相间，颜色对比鲜明。

小户型布置之处

1.浅蓝色防水乳胶漆搭配棕色墙砖作为洗漱区的背景色，具有蓝天与大地般的亲近感，搭配一顶古老的手工玻璃吊灯，极富混搭韵味。

<1

混搭 < 风格
3
卫生间的材料应用

防水壁纸，增添小浴室美感

色泽饱满的瓷砖，增添浴室的混搭韵味

亮点 Bright points ·········

成品洗漱柜
成品洗漱柜的安装十分简单，样式略带
一点欧式之感，为现代卫生间增添别样
美感。

亮点 Bright points ·········

壁龛
壁龛充分利用了墙体的厚度，壁龛之间
的搁板选择了钢化玻璃，其防水、耐腐
性能强，也比石材的美观度更好。

亮点 Bright points ·········

深色地砖
地砖的颜色很深，让这个以大面积浅色
为主的卫生间看起来色彩层次更加丰富
且稳定。

防水壁纸，增添小浴室美感

竹制收纳篮
纯天然的选材，朴实
无华的外形及工艺，
简单实用。

小家精心布置之处

1.壁纸的运用柔化了室内的
墙面深色墙砖与白色洁具的
冷硬质感，好似艺术品般装
饰出室内柔和的美感。

　　干湿分离的卫生间里，洗漱区和如厕区就不会特别潮湿。墙面的
装饰材料也不必局限于瓷砖、石材等一些硬冷的材料。尤其在混搭风
格的卫生间中，为突显个性与别样美感，会适当地搭配一些带有防水
功能的壁纸或木材，装饰效果要比石材更有质感。

色泽饱满的瓷砖，增添浴室的混搭韵味

混搭风格的小浴室中，墙面选择色彩饱满的釉面砖作为装饰，在视觉上可缓解白色洁具的单调感，同时也突出了混搭风格居室选材的别具一格，使小空间呈现缤纷而富有层次的美感。

小家精心布置之处

1.墙面和地面选用同一种墙砖作为装饰，整体感很强，清爽的配色也增添了室内的自然气息与美感。

<1

<2

亮点 Bright points

铁艺收纳架
将成品铁艺架子钉装在墙面上，既是良好的收纳工具，也是室内的一处装饰元素。

2.椭圆形的穿衣镜被悬挂在卫生间的墙面上，洁净、通透的饰面缓解了卫生间的狭窄感，装饰性与功能性并存。

卷帘
竹片打造的卷帘，让卫生间的私密性更强，美观实用。

小家精心布置之处

1.卫生间整个墙面运用了彩色釉面砖作为装饰，呈现的视觉效果清爽、雅致；再利用白色洁具和家具进行调和，整体色感丝毫不显凌乱，反而将彩色墙砖衬托得更加精致、美观。

混搭 ＜风格
卫生间的家具配饰

抑菌防潮的悬挂式浴柜，让小浴室更健康、舒适

为浴室增添美感的植物

亮点 Bright points ·················

黑色人造石台面
黑晶沙人造石制造的台面，简约大气，
精致耐用。

亮点 Bright points ·················

油纸伞
油纸伞被倒挂在顶面上，为现代居室增
添了一份江南烟雨般的浪漫气息。

亮点 Bright points ·················

梳妆镜
作为卫生间内不可或缺的元素之一，运
用石材作为镜面边框，视觉效果更具设
计感。

亮点 Bright point

发财树
发财树可以净化室内空气，名字也很符合人们对生活的美好向往。

抑菌防潮的悬挂式浴柜，让小浴室更健康、舒适

‹1

‹2

小卫生间内，选择悬挂式浴室柜更节省空间，柜体下方的悬空部位方便清理，且可以防止卫生间的潮气蔓延到柜子中，抑菌、防潮。

小家精心布置之处

1.卫生间地面采用花砖作为装饰，增添了室内搭配的层次感。

2.坐便器上方的墙面安装了可用于收纳的五金支架，用来晾晒或收纳毛巾，干爽、舒适。

为浴室增添美感的植物

卫生间的环境常光照不好，且湿度较大，适合放置一些耐荫性较好的植物品。如柠檬草、薄荷，这一类的植物喜光又耐荫，杀菌又消毒，气味浓烈，可以增添卫生间的清新气息；虎尾兰的叶子可以吸收空气中的水蒸汽，是卫生间、浴室的理想选择；吊兰是半喜阴性植物，最适合放在卫生间，隔几天浇一次水，平时用喷壶喷水即可，净化空气，开花时还可以净味。

小家精心布置之处

1.浴缸的一侧设计了钢化玻璃挡板，防止淋浴时有水溅到浴缸外；浅色调的墙砖、洁具组合在一起，让卫生间看起来更加干净、整洁。

现代插花

清爽宜人的插花增添了室内的唯美情调。

2.洗漱区与其他空间没有间隔，通过地面材质进行界定，地面选择了耐磨又防水的地砖更加经济实用。

3.定制的洗漱柜台面面积很大，搭配了双面盆，满足两人同时使用，精致的花艺及生活用品点缀出一个高品质的生活氛围。

5 混搭 < 风格
卫生间的收纳规划

隐藏在镜面后的收纳

移动收纳架，完善小浴室功能

利用室内结构，扩大收纳区

亮点 Bright points ·················

抽屉式洗漱柜
推拉抽屉拿取物品十分方便，规划收纳时可以搭配分装格，用来储存一些小物件，让抽屉内有序规整。

亮点 Bright points ·················

毛巾架
金属毛巾架是浴室中收纳毛巾、浴巾不可或缺的辅助工具，还可以用来晾挂一些洗过的小件衣物。

亮点 Bright points ·················

洗漱台
用搁板代替洗漱台，比传统洗漱柜呈现的视觉效果更轻盈。

亮点 Bright points

绿植插花
绿植与鲜花的组合，
彼此衬托，视觉效果
更加清爽秀丽。

隐藏在镜面后的收纳

<1

小家精心布置之处

1.小卫生间的布局规划十分紧凑，在满足基本功能需求的同时也兼顾了收纳功能，壁龛、吊柜、搁板的运用都提供了难得的收纳空间。

小卫生间中浴室柜的容量有限，开拓更多的收纳空间是设计小卫生间的终极目标，除了依靠墙体结构打造壁龛、搁板等收纳空间之外，还可以将梳妆镜后面的空间利用起来，这样就既可以满足照镜需求又能增加收纳空间。

绿植
收纳架顶层放置的绿植点缀空间，清爽舒适。

92

移动收纳架，完善小浴室功能

卫生间的主要作用就是洗漱、沐浴、如厕，室内的所有设施设置都是基于此功能需求，收纳也不例外。卫生间的大部分收纳都由洗漱柜来承担，但是坐便器、浴缸距离洗漱台的距离较远，采用墙面悬挂收纳架或移动置物架来满足这两个区域的收纳功能需求，让如厕和沐浴时拿取物品更方便。

小家精心布置之处

1.梯形收纳架的设计很有创意，将它摆放在入门处，简约美观又实用，且灵活可移动，能够根据实际需求来随意更改放置的位置。

2.定制的浴缸与小空间的契合度很高，节省空间又实现了泡澡的美好愿望；室内L形的布局规划，优点是可以让不同区域可以同时使用，不会显得拥挤。

3.洗漱台面用深底白纹的大理石打造，简约大气，好像艺术品一般，非常有质感，上面整齐地摆放着毛巾及一些洗漱用品，良好的收纳习惯让居室氛围更整洁、清爽。

93

利用室内结构，扩大收纳区

虎皮兰
虎皮兰可以净化空气，吸收室内甲醛及一些有害物质。

<1

卫生间的洗漱区可以利用墙体结构为收纳开辟出新的空间，如设置嵌入墙体的收纳层架，这既不影响洗漱台的实用，还增加了储物空间，开放部分可以用来放置平时的洗护用品，下方柜体则可以用来放置一些不常用的物品。

小家精心布置之处

1.将洗漱区移位在卫生间外后，便可以利用大面积的收纳柜装饰墙面，再设计一些开放的搁板，用来放置一些饰品或洗漱用品。